JN161588

日本列島5億年の生い立ちや特徴がわかる

年代で見る
日本の地質と地形

高木秀雄

地磁気の逆転現象が発見された玄武洞公園青龍洞の柱状節理
山陰海岸ジオパーク

誠文堂新光社

Column

はじめに

私たちが住む大地、日本列島は、どのように形成してきたのだろうか。そのような疑問に答えるために、本書は日本列島の５億年の歴史を時系列で写真を中心に据えて説明することを試みた日本列島の地史の図鑑である。５億年というのは、日本最古の地層または岩体がこの年代を持つことに由来する。

序章として地球の年齢を測定する年代測定法や、日本列島の地質の特徴の概略、さらに筆者が深く関わってきたジオパークの概説を加えた。日本列島の歴史は、2000〜1500万年前の日本海の拡大、つまり日本が列島になった時代を境に、大きく分けられる。また、現在目にすることができる地形は地質時代最後の第四紀という時代に形成してきた。そこで、日本列島の歴史を、日本海拡大の前、日本海拡大以降、第四紀の３章に分けて解説した。

また、５億年前とか２千万年前といった時間の長さは、一般には理解しにくいことから、地球の年齢である46億年を暦の一年に例えた時に、何月何日に相当するか、ということで、時間の長さを把握できるようにした。写真に見られる風景や地層、岩石や鉱物などに記録された日本列島の歴史を読み取っていただき、これまでとは一味違う風景を楽しみながら学んでいただければ幸いである。

本書で取り上げた写真は、国内の43ジオパーク（2018年6月現在）から少なくとも一つは選択して取り上げた。もちろん、未だジオパークではない地域でも、重要な地質や地形の遺産はたくさんあり、それらも選択して取り上げてある。また、各々の写真で国の天然記念物や名勝、日本の地質百選、都道府県の石に属するものついては、マークで示すことにした。

それでは、５億年の旅に出かけてみよう。

高木秀雄

序章

年代スケールと日本列島の地質の特徴

日本列島はプレートの沈み込みに伴う世界でも有数の変動帯に位置している。火山活動、地震、速い隆起速度や侵食による多くの自然災害が集中する一方、美しい景観や豊富な水、温泉、肥沃な土壌などの恩恵も数多い。序章では、地質や地形の生い立ちを学ぶ上で必要な日本列島の地質の特徴を紹介する。

写真：畑地にわずか１年半で成長した昭和新山
（洞爺湖有珠山ジオパーク）

1. ジオの時間スケール

２千万年前とか５億年前という地球の歴史を示す年代は、人々の時間の感覚からすると桁違いに大きい数字なので、一般にはなかなか感覚としてつかみづらい。そこで、地球の歴史の46億年を１年の暦に例えた表を示すことにする（表１）。この46億年という数字は、太陽系の一部である地球が微惑星の衝突によって形成されたことから、微惑星のかけら（隕石）や月の岩石の放射年代測定によって得られた数値である。ここに示してあるように、人類の出現（約700万年前）は、地球歴では大晦日の昼前頃である。46億年を100ｍの長さに例えると、人類の歴史はわずかに15cm、すなわち本書の横幅程度の長さに相当する。地球の歴史を考える上で、地球科学の分野がいかに悠久の時間を扱うか、お分かりいただければ幸いである。本書で取り扱う地質時代の固有名詞については、図１を参照されたい。

本書は、日本列島に記録されている様々な地質現象を、古い順にイベントの時代ごとに配列した。

それでは、どのようにしてその時代を決めているのであろうか。地質のイベントの時代を決める方法は、大きく分けて２つある。その一つは生物の様々な種の発生から絶滅までを地層の中の化石を用いて調べる方法である。この場合は、相対的な前後関係は分かるが、絶対的な時間軸の数値を与えることはできない。

もう一つの岩石の生成年代を数値で示す方法は、放射性同位体元素の崩壊を利用している。例えば上記の微惑星のかけらである隕石の年代測定は、ジルコンという鉱物のウラン－鉛法（U-Pb法）という年代測定法を用いている。年代測定に使われるウランの同位体には、親元素として^{238}Uと^{235}Uが存在し、娘元素として前者は^{206}Pbに、後者は^{207}Pbに壊変し、それぞれの半減期（親元素と娘元素の割合が半分になるまでにかかる時間）は、それぞれ45億年と7億年である。そのほか、K-Ar法、Rb-Sr法、^{14}C法などがよく使われている。それぞれの年代測定法の半減期と使用される主な対象物質を表２に示す。

なお、地質学的な時間軸はケタ数が大きいため、図１では時間を表す単位として Ma（百万年前）あるいはGa（十億年前）という記号をつける。例えば112Maは１億1200万年前という意味である。

＊本文中、年代の範囲を示す際に前の数字の年表示を省略していますが、後ろ数字の年表示と同様です。例えば「3.1 ～ 2.6億年前」は、「3.1億年前～ 2.6億年前」を意味します。

表1 **地球の歴史上の主なイベントとその年代、および地球の歴史46億年を一年の暦で示した時間の長さの指標（地球暦）**

地球史イベント	年代	地球暦
地球の誕生（微惑星の衝突・合体と太陽系の形成）	46億年前	1月1日 午前0時
大陸地殻の形成、最古の岩石、原始海洋の形成	40億年前	2月16日
原始生命の誕生、日本最古の鉱物	38億年前	3月 4 日
光合成の開始、地球磁場の発生	27億年前	5月30日
真核生物の出現、始生代/原生代境界	25億年前	6月15日
酸素急増、縞状鉄鉱層の発達	21億年前	7月17日
多細胞生物の出現	14億年前	9月10日
硬骨格生物の出現、カンブリア大爆発（古生代開始）	5.4億年前	11月19日
オゾン層の形成、生物の陸上進出	4.5億年前	11月25日
超大陸パンゲアの形成	3億年前	12月 7 日
最大の生物絶滅（古生代ー中生代境界）	2.52億年前	12月12日
巨大隕石衝突、恐竜の絶滅（中生代ー新生代境界）	6600万年前	12月26日
日本海の形成と日本列島の回転	～1500万年前	～12月30日
ヒマラヤ山脈の上昇とモンスーン気候の発生	1000万年前～	12月31日 5時～
人類の誕生	700万年前	12月31日10時40分
第四紀の開始	258.8万年前	同19時
ホモサピエンスの出現	20万年前	年明け23分前
古代文明、新石器時代	5000年前	年明け34秒前
産業革命と地球環境の人的壊変	250年前	年明け1.7秒前
現在	0年前	年明け0秒前

表2 **放射性同位体元素を用いた主な年代測定法**

放射性同位体親元素	崩壊生成物娘元素	半減期	主な対象物質	使用年代範囲
^{147}Sm（サマリウム）	^{143}Nd（ネオジム）	1.06×10^{11}年	マントル物質、玄武岩、ざくろ石	10^9～10^8年
^{87}Rb（ルビジウム）	^{87}Sr（ストロンチウム）	4.88×10^{10}年	火成岩、雲母	10^{12}～10^8年
^{238}U（ウラン）	^{206}Pb（鉛）	4.47×10^9年	ジルコン、燐灰石、チタン石	10^{11}～10^7年
^{235}U（ウラン）	^{207}Pb（鉛）	7.04×10^8年	ジルコン、燐灰石、チタン石	10^{11}～10^7年
^{40}K（カリウム）	^{40}Ar（アルゴン）	1.25×10^9年	雲母、角閃石、カリ長石	10^9～10^5年
^{14}C（炭素）	^{14}N（窒素）	5,730年	生物の遺骸、炭質物	～数万年

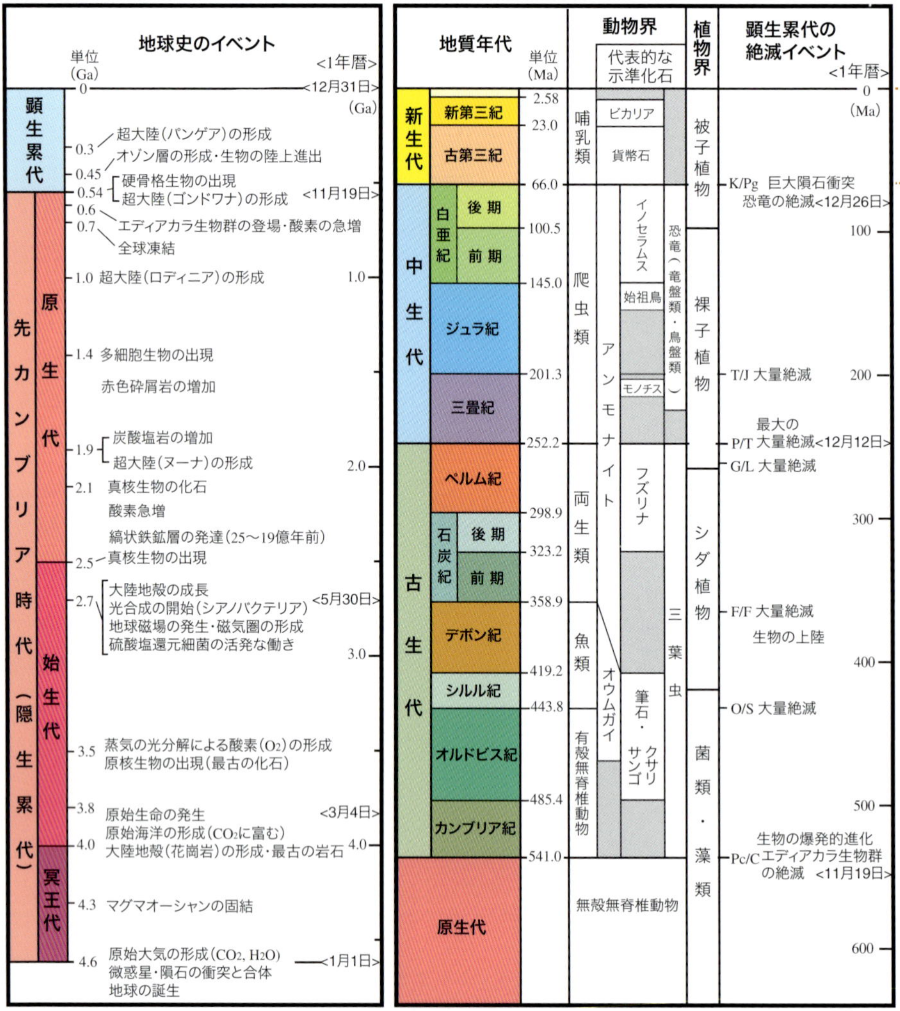

地球史のイベント

単位 (Ga) <1年暦>

- 0 <12月31日> (Ga)
- 0.3 超大陸（パンゲア）の形成
- 0.45 オゾン層の形成・生物の陸上進出
- 0.54 硬骨格生物の出現 / 超大陸（ゴンドワナ）の形成 <11月19日>
- 0.6 エディアカラ生物群の登場・酸素の急増
- 0.7 全球凍結
- 1.0 超大陸（ロディニア）の形成 1.0
- 1.4 多細胞生物の出現 / 赤色砕屑岩の増加
- 1.9 炭酸塩岩の増加 / 超大陸（ヌーナ）の形成 2.0
- 2.1 真核生物の化石 / 酸素急増 / 縞状鉄鉱層の発達（25〜19億年前）
- 2.5 真核生物の出現
- 2.7 大陸地殻の成長 / 光合成の開始（シアノバクテリア） <5月30日> / 地球磁場の発生・磁気圏の形成 / 硫酸塩還元細菌の活発な働き 3.0
- 3.5 蒸気の光分解による酸素（O_2）の形成 / 原核生物の出現（最古の化石）
- 3.8 原始生命の発生 <3月4日>
- 4.0 原始海洋の形成（CO_2に富む） / 大陸地殻（花崗岩）の形成・最古の岩石 4.0
- 4.3 マグマオーシャンの固結
- 4.6 原始大気の形成（CO_2, H_2O） <1月1日> / 微惑星・隕石の衝突と合体 / 地球の誕生

顕生累代 / 先カンブリア時代（隠生累代）：原生代・始生代・冥王代

地質年代

単位 (Ma)

代	紀	境界 (Ma)
新生代	（第四紀）	2.58
新生代	新第三紀	23.0
新生代	古第三紀	66.0
中生代	白亜紀 後期	100.5
中生代	白亜紀 前期	145.0
中生代	ジュラ紀	201.3
中生代	三畳紀	252.2
古生代	ペルム紀	298.9
古生代	石炭紀 後期	323.2
古生代	石炭紀 前期	358.9
古生代	デボン紀	419.2
古生代	シルル紀	443.8
古生代	オルドビス紀	485.4
古生代	カンブリア紀	541.0
原生代		

動物界

代表的な示準化石

哺乳類：ビカリア、貨幣石
爬虫類：イノセラムス、始祖鳥、モノチス、アンモナイト、恐竜（竜盤類・鳥盤類）
両生類：フズリナ
魚類：オウムガイ、筆石・クサリサンゴ、三葉虫
有殻無脊椎動物
無殻無脊椎動物

植物界

被子植物、裸子植物、シダ植物、菌類・藻類

顕生累代の絶滅イベント

<1年暦> 0 (Ma)

- K/Pg 巨大隕石衝突 恐竜の絶滅 <12月26日>
- 100
- T/J 大量絶滅 200
- 最大の P/T 大量絶滅 <12月12日>
- G/L 大量絶滅
- 300
- F/F 大量絶滅 / 生物の上陸
- 400
- O/S 大量絶滅
- 500
- 生物の爆発的進化 / Pc/C エディアカラ生物群の絶滅 <11月19日>
- 600

図1　**地質年代表**　地質時代の境界年代の数字は、International Commission on Stratigraphyの2016年10月版国際層序表（International Stratigraphic Chart）に基づく。本書で取り上げる地質時代の名称については、本図を参照されたい。Gaは10億年前、Maは100万年前を示す単位

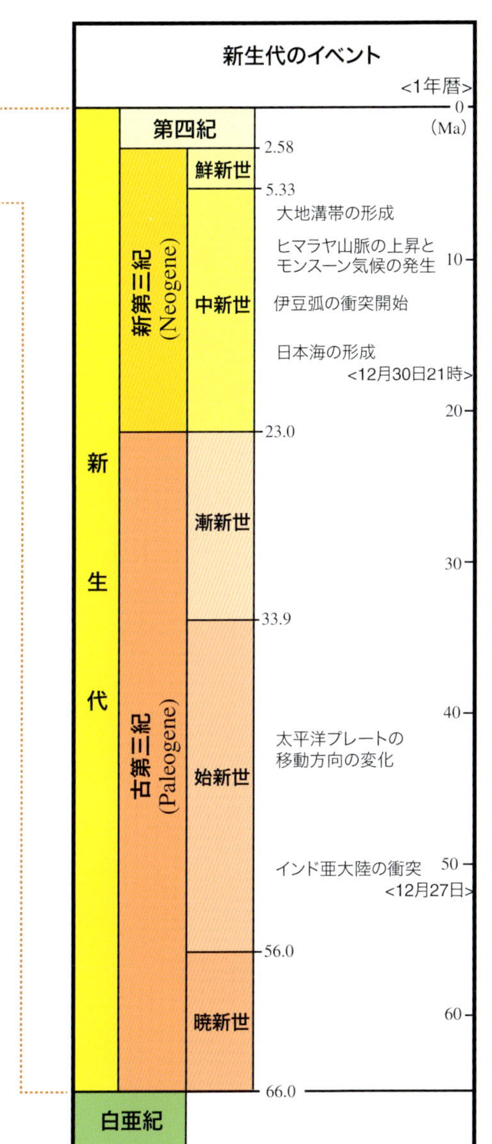
新生代のイベント
<1年暦>
0
(Ma)
新生代
第四紀
2.58
鮮新世
5.33
新第三紀 (Neogene)
中新世
大地溝帯の形成
ヒマラヤ山脈の上昇と
モンスーン気候の発生
10
伊豆弧の衝突開始
日本海の形成
<12月30日21時>
20
23.0
古第三紀 (Paleogene)
漸新世
30
33.9
40
太平洋プレートの
移動方向の変化
始新世
インド亜大陸の衝突
50
<12月27日>
56.0
暁新世
60
66.0
白亜紀

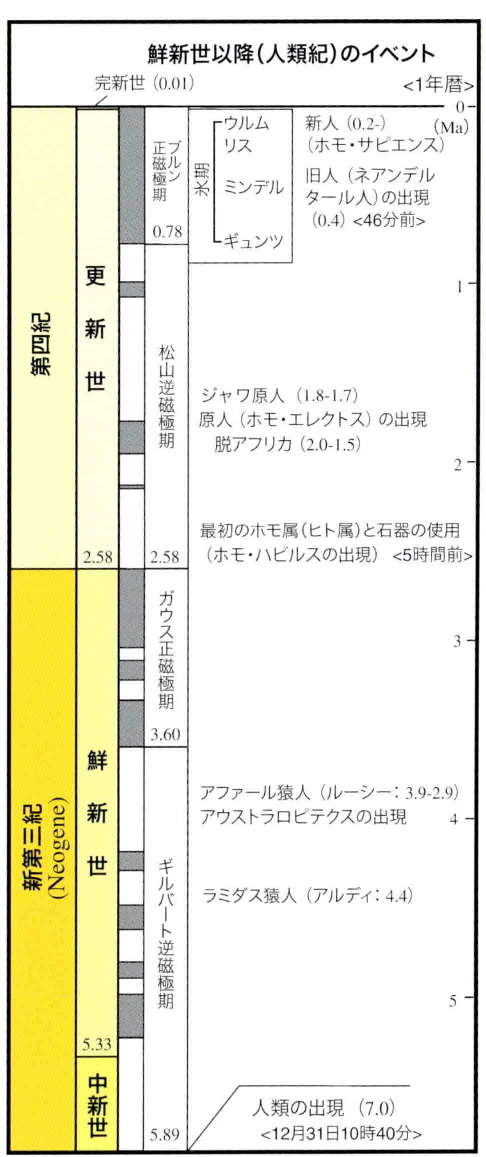
鮮新世以降(人類紀)のイベント
完新世 (0.01)
<1年暦>
0
(Ma)
第四紀
更新世
ブルン正磁極期
0.78
氷期
ウルム
リス
ミンデル
ギュンツ
新人 (0.2-)
(ホモ・サピエンス)
旧人 (ネアンデルタール人) の出現
(0.4) <46分前>
1
松山逆磁極期
ジャワ原人 (1.8-1.7)
原人 (ホモ・エレクトス) の出現
脱アフリカ (2.0-1.5)
2
最初のホモ属(ヒト属)と石器の使用
(ホモ・ハビルスの出現) <5時間前>
2.58
2.58
新第三紀 (Neogene)
鮮新世
ガウス正磁極期
3
3.60
アファール猿人 (ルーシー: 3.9-2.9)
アウストラロピテクスの出現
4
ギルバート逆磁極期
ラミダス猿人 (アルディ: 4.4)
5
5.33
中新世
人類の出現 (7.0)
<12月31日10時40分>
5.89

2. 日本列島の地質と地形の多様性

日本列島は、きわめて多様な地質や地形の特徴を有するが故に、日本列島はどこでもジオパーク、あるいは日本列島まるごとジオパーク、といった言い方をされることがある。例えば北米のコロラド高原に行くと、車をかなりのスピードで走らせても、地層が水平のために延々と同じ地層が続いていることが実感される。グランドキャニオンに行くと、コロラド川の侵食によって非常に深い谷が刻まれ、先カンブリア時代の地層から古生代ペルム紀までの地層が、一部不整合で接しながらも大規模に積み重なっていることが一望でき、見た瞬間はすごい、と思うことだろう。しかし、日本のきわめて多様で複雑な地質を知っている者にとっては、なーんだ、ただ「地層累重の法則」によってほぼ水平な地層が積み重なっているだけではないか、と思うこともある。なぜなら日本では新第三紀はもとより、第四紀の地層でも垂直に近く立っていることがあるので、逆に古い地層でも水平に近いことの方が珍しいからである。例えば、城ヶ島のわずか1000～500万年前の地層でも、地層の上下が逆転しているところがある。下仁田ジオパークに行くと、およそ2km四方の白亜紀の地層が全部ひっくり返っている場所を体験でき、その複雑な地質構造に圧倒される。

日本列島の最古の地層や岩石は、ほぼ5億年前に遡る。最古のカンブリア紀の年代を示す岩石（火成岩、変成岩）は、茨城県日立や熊本県の竜峰山（花崗岩）、長崎県の野母半島（はんれい岩）、京都府の大江山（蛇紋岩やかんらん岩）などで知られている。一方、最古のオルドビス紀の地層（堆積岩・化石）は、穂高連峰南西側の一重ヶ根温泉で知られている。また、古生代のオルドビス紀～ペルム紀の地層や岩石は、後述するように南部北上帯に最も特徴的に見ることができ、そのほか黒瀬川帯、飛驒外縁帯に知られている。また、国内で広く分布する地層群は付加体（後述）で特徴づけられ、南部北上帯（黒瀬川帯）と飛驒帯を除いた地域の地質の骨組み（火成岩を除いた地層や岩石）はほとんどが付加体とその上に積み重なった堆積岩と言っても過言ではない。その付加体の形成の時代は、古生代ペルム紀～新生代新第三紀である。このような堆積岩の地層に、地下からマグマが上昇し、花崗岩などの深成岩や、安山岩や流紋岩、玄武岩などの火山岩および凝灰岩のような火山砕屑岩（さいせつがん）が広がった（火成岩の分類については、さくいんを参照されたい）。このような地質の多様性は、地形の多様性に反映される。日本列島の骨組みを示す地体構造を図2に示す。本書では、時々この中の地帯名が出てくるので、その分布に関してはこの図2を参照されたい。

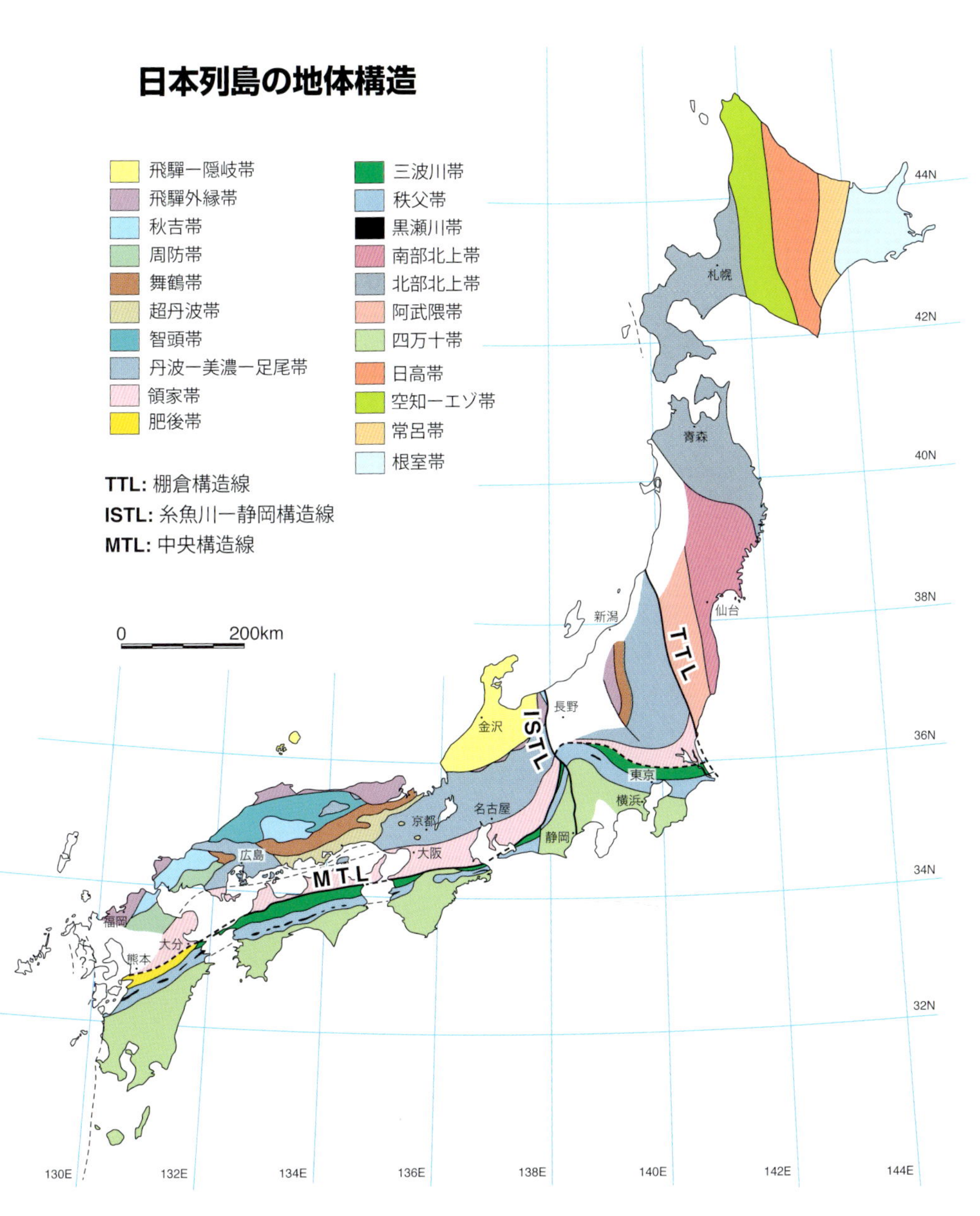

図2 **日本列島の地体構造** この図は日本列島の骨組みを示すもので、実際の地質図（図14）では第四紀の地層や岩石が地質時代の中で最も分布面積が広い
Ichikawa (1980)を一部改変（新井宏嘉原図）

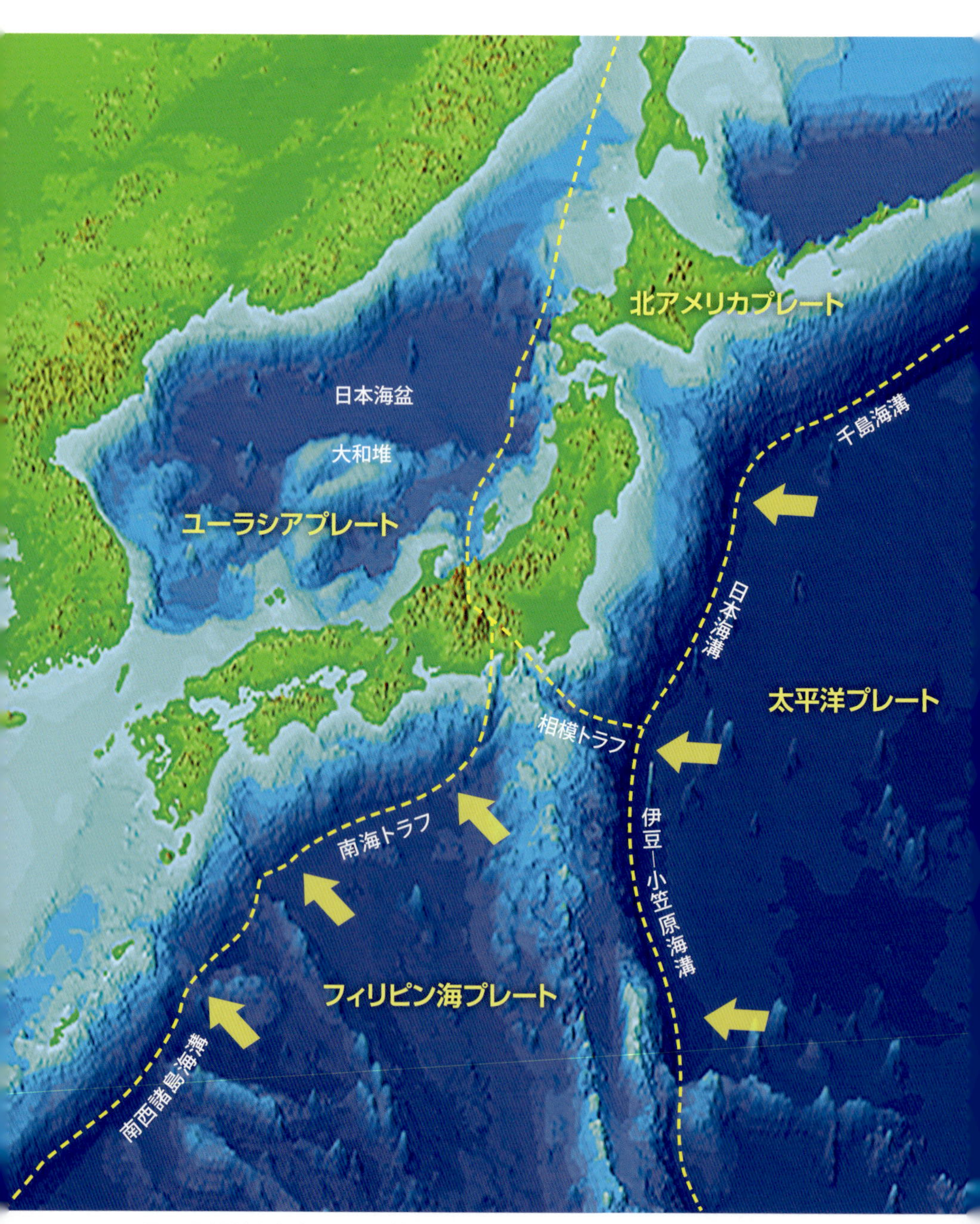

図3　**日本列島およびその周辺海域の地形および４つのプレート境界**　２つの海のプレートの海溝への沈み込み（太い矢印）により、きわめて変動的な日本列島をつくっている

日本列島は、いまからおよそ2000万年前より前は、当時のアジア大陸の東縁部に存在し、陸続きの「陸弧」をなしていた。その後、1500万年前までに日本海が開き、日本は大陸と分かれた列島となり「島弧」となった。

図３は、日本列島およびその周辺の陸上と海底の地形を示している。日本列島の東側には南北に連なる深い溝が良く見える。これらは海溝と呼ばれ、後に述べるように、プレートが沈み込んで引き込まれた溝に相当する。日本列島の東側の深い溝は、北海道南端の襟裳岬沖と房総沖で折れ曲がっている。その２箇所の折れ曲がりを境界として、北から千島海溝、日本海溝、伊豆―小笠原海溝と呼ばれている。日本の海溝で最も深い場所は伊豆―小笠原海溝にあり、海面からおよそ1万m近い深さをもつ。西南日本の南側にも、駿河湾から沖縄の南に続く海溝がある。この溝も宮崎沖で少し折れ曲がっており、その東側が南海トラフ、西側が南西諸島海溝（琉球海溝）と呼ばれている。このように、日本列島は陸地以上に凹凸の大きな海底をもつ海に囲まれている。

このような海に囲まれているという特徴は、海岸線の長さにも表れている。世界の国の中で、小さな島も含めて海岸線の長さを比べてみると、日本列島は何番目になるだろうか。1位はカナダ、２位はノルウェー、３位はインドネシア。日本は６番目で、29,751kmとされている。面積は62番目（377,972km^2）であることから、面積に対して海岸線の長さが非常に大きい、つまり海岸線が複雑で、島が多いことを意味している。

海岸線の中でも、特に複雑な入り組んだ海岸線の多くは、かつて陸上にあった大地が侵食を受けてから沈降した沈降海岸である。三陸ジオパークにみられるようなリアス海岸はその典型例である。一方、隆起した海岸は、かつての波打ち際の侵食（堆積）面が隆起し、平坦な地形をもつ海成段丘をつくる。

このような隆起と沈降は日本全体で認められる。それでは、内陸ではどうなっているのだろうか。

図４は、西暦2000年における過去100年間の水準測量に基づく日本列島の上下変動を示している。この図を見ると、海岸線では潮岬、室戸岬、足摺岬などの隆起量が大きいことがわかる。一方、内陸では浜名湖から北北東に向かった南アルプスと中央アルプスにまたがる地域では、隆起速度が大きい。その隆起量は南アルプス南部で100年間に最大40cm程度隆起している。この年間平均4mmという値はごくわずかに見えるかも知れないが、実は世界的にみてもかなり速い隆起速度である。なお、北アルプスには水準点が整備されていなかったために過去のデータが無いが、南アルプスと同様の隆起速度が見積もられている。一方、大都市圏の平野部などでは、プレート境界地震や地盤沈下に伴う沈降が顕著に認められている。このような地質と地形を含めたジオの多様性を作り上げたものは、プレートの沈み込みに由来する。日本列島のジオを特徴づけるプレートテクトニクスの枠組みについて触れておこう。

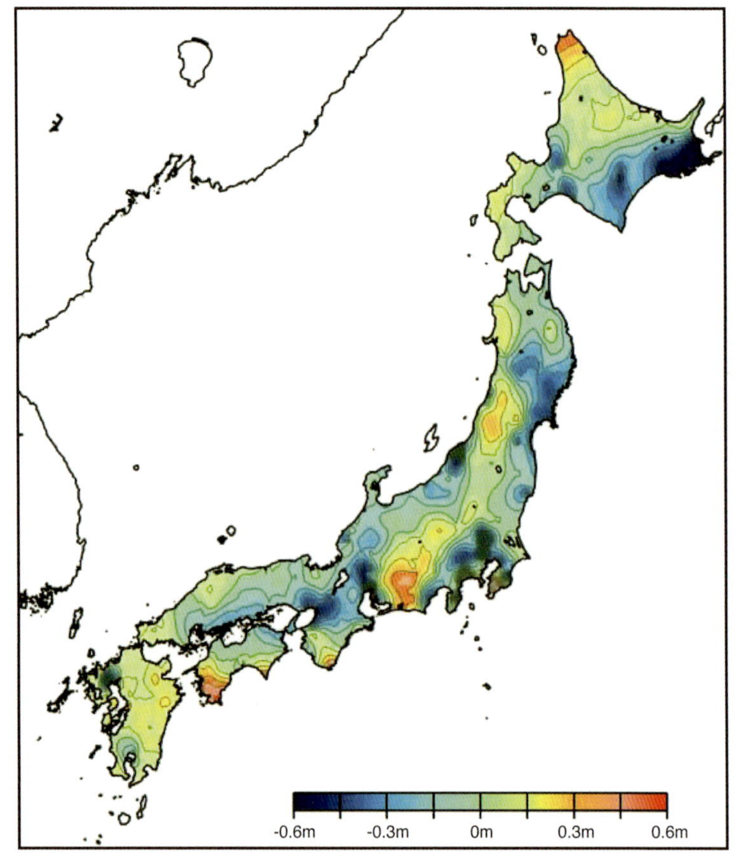

図4　**過去100年間の水準測量による日本列島の上下変動図**（国土地理院2001）

3. プレート収束域としての日本列島と火山・地震

日本列島は、現在２つの海のプレート（太平洋プレート、フィリピン海プレート）が２つの陸のプレート（ユーラシアプレート、北アメリカプレート）に対して西または北西に向かって沈み込んでいる、沈み込み帯に存在する（図3）。また、太平洋プレートはフィリピン海プレートの下にも沈み込んでいる。これらの沈み込み帯が、火山や地震を含むきわめて活動的な日本列島をつくっている。

プレートはおよそ7km 程度の厚さをもつ海の地殻と、最上部マントルからなる、厚さ50〜100km程度の硬い岩盤で、その下には上部マントルの中のアセノスフェアと呼ばれている高温で流動的な岩盤が存在する。マントルの厚さは2,900km、そのうち上部マントルの厚さは660kmなので、全体としてみればプレートを構成するマントル部分は、マントルのごく表層部にすぎない。

海嶺では海のプレートが両側に引っ張られるために生じた裂け目に向かって直下のマントル物質（固体）の断熱上昇が起こり、高温と圧力の減少のために玄武岩質マグマが発生し、新しい海の地殻が生成される。海嶺で生まれた新しい地殻は海嶺に対して直交する方向に開いていく。海嶺では高温であったプレートも、海嶺から離れて移動するに従い低温になり、その厚さも増していく。この海のプレートが沈み込み帯（海溝）に達すると、自重によってどんどんマントルへと引き込まれていく。場合によっては海嶺も移動して海溝に向かい、それが沈み込む場所もチリなどで知られていることから、プレートの移動は、海嶺における両側への押し開きよりも、海溝での沈み込みによる引っ張りの方が主要な力の原因となっていると考えられている。

近年、地震波の速度の詳細な解析によるトモグラフィーという技術が発達し、マントルの対流と水平なプレート運動との関わりが、鉛直方向のプルームという視点で明らかにされるようになってきた。この方法は、医療で使われるX線CTスキャン（Tはトモグラフィー）に類似しており、X線の代わりに地震波の速度を用いることにより、地球内部の相対的な温度分布が分かるようになってきた。それによると、ハワイ諸島をつくったマグマ上昇場としてのホットスポットは、プレートとともに移動しない場所であることから、マントルの下部からの上昇流が想定されており、上記のプルームの枝分かれした一部とも考えられている。

古生代やジュラ紀の付加体を貫いて、西南日本内帯や東北日本では、特に白亜紀から新生代にかけて多くの火成活動があった。また、現在でも活火山（過去１万年間に活動した経歴を持つ火山）が活動しており、日本の国土には世界の活火山の７％以上を占める110火山が集中している（図5）。

プレートが海溝から100km程潜り込むと、温度上昇と潜り込んだ海底地殻表層の物質からの脱水による融点の低下により、マグマが発生する。そのマグマが地殻まで上昇し、マグマだまりでゆっくり冷却すると深成岩類が、地表まで達して噴火または流出すると、火山岩類が形成される。活火山の分布（図5）を見ると、海溝と一定の距離をもちながらも海溝と平行に配列していることが分かる。例えば、千島弧（千島海溝）では、大雪山から知床を経て国後、択捉と続く火山帯が、東北日本弧（日本海溝）では、東北日本の脊梁（せきりょう）部の火山地帯が、伊豆―小笠原弧（伊豆―小笠原海溝）では、富士山から伊豆半島を経て伊豆諸島に伸びる火山帯が、西南日本弧（南海トラフ）では、大山や三瓶山など山陰地方の火山帯が、琉球弧（南西諸島海溝）では、阿蘇から霧島・桜島を経て南西諸島の火山島へと伸びた火山帯が存在している。

図5　**日本列島の活火山の分布と、火山フロント**　火山フロントは海溝（トラフ）と平行である
出典：産業技術総合研究所 地質調査総合センター 火山研究解説集：有珠火山より、本書で取り上げている火山名と海溝を加筆

火山の分布範囲の最も海溝寄りを連ねた線は火山前線（火山フロント）と呼ばれ、それよりも海溝寄りには火山は存在しない（図５）。その理由は、海のプレートが西に向かって沈み込んでいるため、上記のように100kmより深く潜らないとマグマが発生しないからである（図６）。隆起・侵食を受けて地表に露出している花崗岩類や、火山および火山岩類は、日本列島に独特の景観をつくり、ジオの多様性をつくっている。

日本の国立公園の多くが火山地帯であることも、美しい景観や生物多様性、豊かな水などが存在するからであろう。国内のジオパークの７割以上の地域が、火山と関わりがある点でも、ヨーロッパや中国のジオパークと異なる大きな特色である。

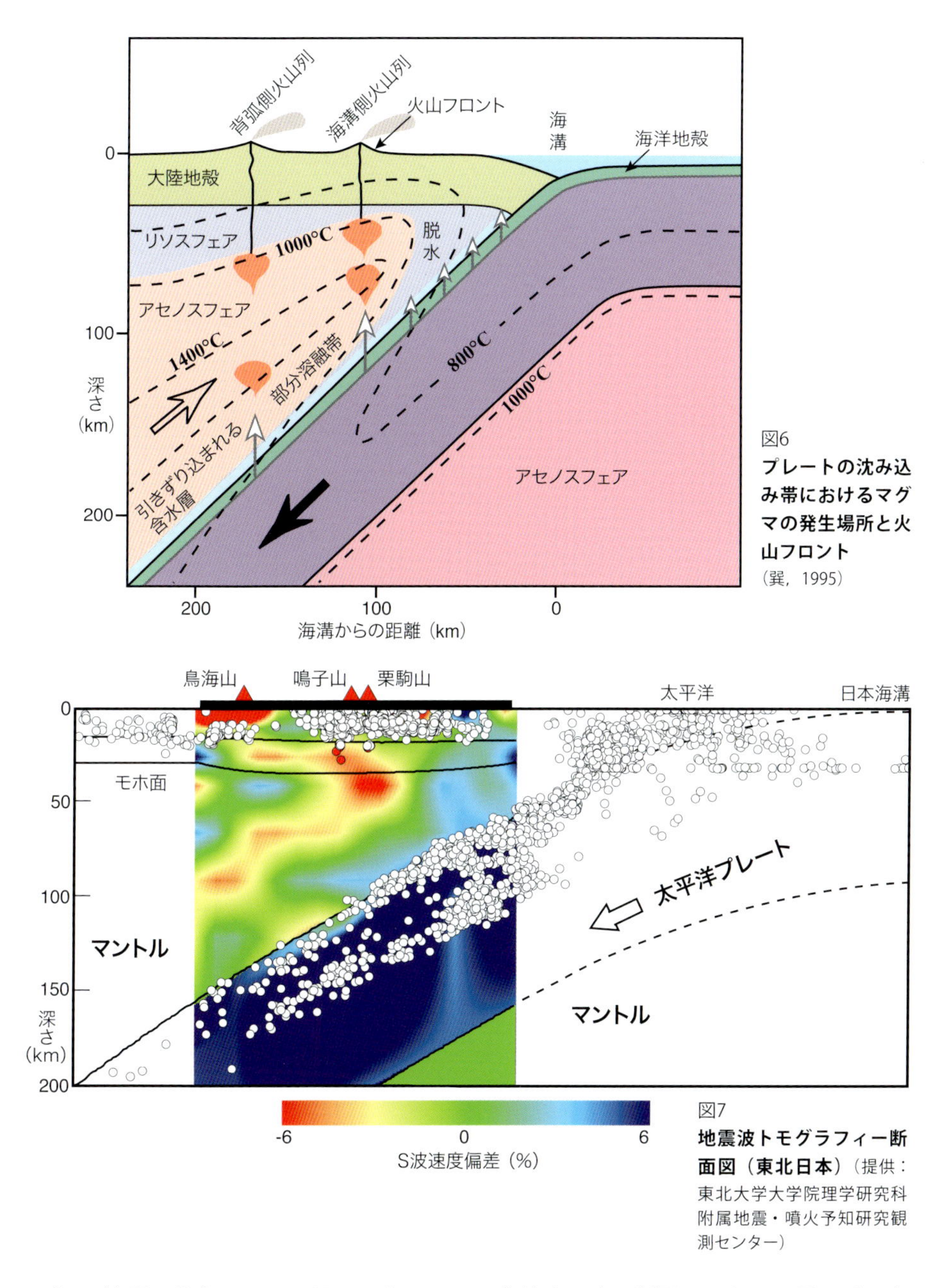

図6
プレートの沈み込み帯におけるマグマの発生場所と火山フロント
（巽，1995）

図7
地震波トモグラフィー断面図（東北日本）（提供：東北大学大学院理学研究科附属地震・噴火予知研究観測センター）

次に、地震の分布について見てみよう。図7は、地震波（S波）の地下における速度分布を、多くの地震計のデータから解析した地震波トモグラフィーによる東北地方の東西断面図である。震源が、青色（低温）で示された沈み込む太平洋プレートの上面（和達–ベニオフ帯）とプレート内部で発生している沈み込み型地

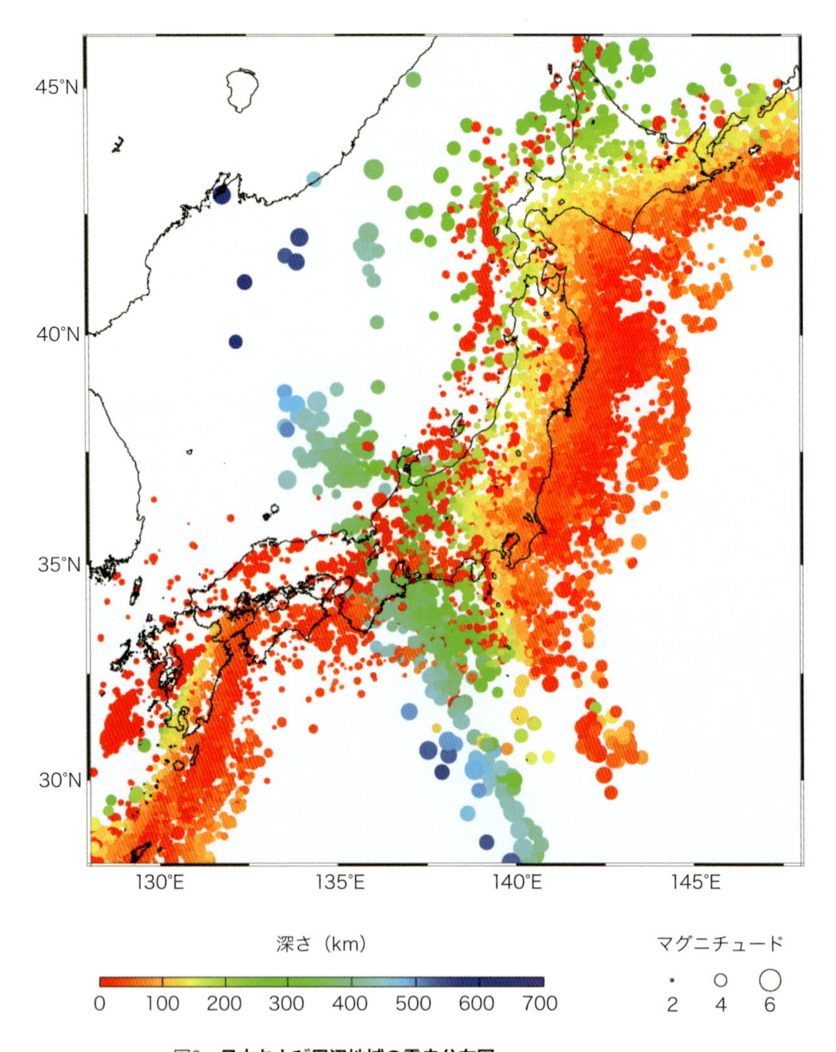

図8　**日本および周辺地域の震央分布図**
（出典：国立研究開発法人防災科学技術研究所Hi-net高感度地震観測網）

震と、内陸の20km以浅に限られた内陸直下型地震の震源の深さの分布が明瞭に示されている。また、沈み込む太平洋プレートの厚さがおよそ90kmであること、火山前線の位置（栗駒山の東側）の真下のプレート境界面が約100kmの深さをもち、それ以上の深さのプレート上面からマグマが発生していること、なども読み取れる。

図8は、2015年の１年間の地震の震央分布図である。海溝から離れるに従い、太平洋プレートの沈み込みに伴う震源の深さが深くなっている様子やプレートの沈み込む角度の変化が読み取れる。

4. 付加体―海から生まれた日本列島

プレートが誕生する海嶺は深海底から2,000m程度、幅数100kmの海底山脈であるため、海嶺の深さは、水深2,000〜3,000m程度である。このような場所の堆積物として、海底の玄武岩の上には炭酸カルシウム（$CaCO_3$）の殻を持つ有孔虫などの微生物の遺骸などが優先的に沈殿して石灰岩をつくる。しかしながら、プレートが移動して海嶺から離れると、自らの重みでプレートが少し沈むことにより、海底面が低下する。海底の深さがおよそ4,000mを超えると、炭酸カルシウムは海水に溶けて、石灰岩が形成されなくなる。その深さは炭酸塩補償深度（CCD）と呼ばれている。このような深海底では、石灰岩が形成されない代わりに、放散虫や珪藻などのプランクトンの珪酸（SiO_2）からなる遺骸が沈殿して形成したチャートが卓越するようになる。従って、プレートがさらに移動すると、石灰岩は形成されにくくなるが、ハワイなどのホットスポット由来の海山や火山島などでは暖かくて浅い海でサンゴ礁ができるので、局所的に石灰岩が分布することになる。

このようにして、海底表面の地殻物質は、下から玄武岩、一部に石灰岩、チャートなどが積み重なる。プレートが海溝に近づくにつれ、陸地から供給される珪質な泥が積もり、さらに陸地に近づくと泥のほかに砂が積もる。従って、海溝付近の岩石や地層は、玄武岩の上のチャート、さらにその上に砂岩・泥岩が順番に積み重なる。このような積み重なりは、海洋プレート層序と呼ばれている（図9）。

プレートが海溝で沈み込むと、比重の小さいチャートや砂岩・泥岩は深くまで潜り込むことができず、逆断層によって繰り返して積み重なる。このように積み重なると、逆断層を境により下のユニット（断層に挟まれた地層群）がより新しいことになる。このように逆断層によって地層群が何枚も積み重なると、大陸と海溝の間にはくさび状の厚い堆積物が集積するようになる。このような部分を付加体と呼ぶ (図9)。時には上位の古いユニットにある地層が海底地すべりによって海溝側へと移動したり、逆断層運動によってブロック状にばらばらになった地層が特徴的に認められることがある。このようなものがある程度の広がりを持つものをメランジュと呼ぶ。卵白をかき混ぜて作るフランス由来のお菓子は「メレンゲ」として知られているが、メランジュは古い地層と新しい地層がかき混ぜられたものである。メランジュには、砂岩のブロックのほかに、玄武岩や石灰岩、チャートなどのブロックも、より新しい時代に堆積した泥や砂の中に混ざることがある。この場合、例えば3億年前の石灰岩がプレートに乗ってはるか沖合いから移動し、2億年前に付加したとすると、

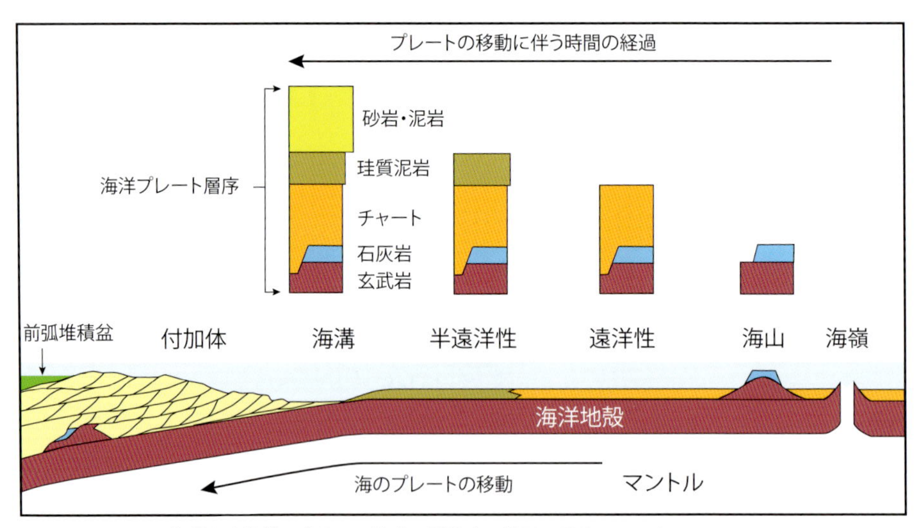

図9　**海嶺から海溝に向かって海底に堆積する地層の層序**（海洋プレート層序：脇田, 2000）

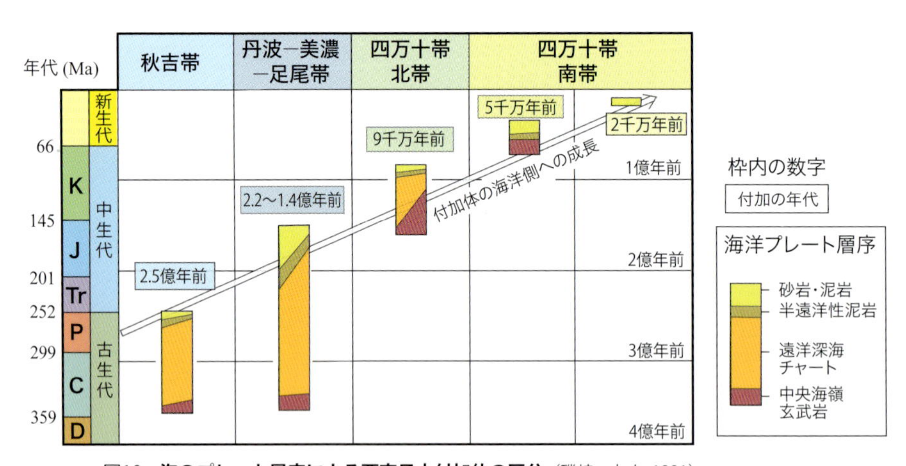

図10　**海のプレート層序による西南日本付加体の区分**（磯﨑・丸山, 1991）

プレートの移動速度を仮に現在の太平洋プレートの速度である年間7cmとした場合、１億年間に7,000kmも移動したことになる。この距離は東京—ハワイ間の距離を超えている。このようなブロックを構成する岩石と付加した時に積もった泥岩の年代の差を模式的に示したものが、図10である。

日本列島の骨組みの大半は、このような付加体によって構成されている。つまり、日本列島は海から生まれ、海に向かって成長したとも言える。現在進行形の付加体は南海トラフで知られているが、海溝で常に付加体ができる訳ではない。

先にも述べたように、日本列島の付加体は主にペルム紀、ジュラ紀、白亜紀〜

新第三紀の部分で、異なる地帯の名前がついている。すなわち、ペルム紀の付加体は秋吉台の石灰岩地帯などで代表される秋吉帯、ジュラ紀の付加体は大変広く、西から東に向かって丹波帯、美濃帯、足尾帯（八溝帯）などと呼ばれているが、まとめて、丹波—美濃—足尾帯と呼ぶこともある。これらは、西南日本を関東から九州まで縦断する断層である中央構造線以北の地帯（内帯）を構成するが、中央構造線以南の地帯（外帯）にも秩父帯と呼ばれているジュラ紀の付加体が存在する。さらに、その秩父帯の南には、白亜紀～古第三紀の付加体である四万十帯が分布している（図2、図10）。

このように、西南日本の付加体は、大局的には南（太平洋側）ほど、または付加帯同士の下のものほど新しくなっている。一方、東北地方では、北部北上帯から北海道の渡島帯までが、ジュラ紀付加体と考えられている。また、北海道ではその東に空知—蝦夷帯（白亜紀の付加体と前弧海盆堆積物：65頁、図18)、日高帯（新生代の本州弧と千島弧の衝突帯ならびに変成帯)、常呂帯～根室帯（千島弧の白亜紀～古第三紀の付加体と前弧海盆堆積物）へとつづいている（図2)。

これらの新第三紀初頭までの付加体の形成の時期は、日本は島国ではなく当時のアジア大陸の東縁部に存在していた。そして、海に向かって付加体が成長した。日本海が開いて列島となったのは、新第三紀中新世の約2000～1500万年前であった。

5. 日本海の拡大と伊豆弧の衝突

1 日本海の形成と日本列島の回転

日本海は大陸の縁辺に位置しているものの、広い大陸棚はなく、2,000～3,000mの深海底が広がっている。

例えば、富山湾は急激に深くなり、水深1,000mに達している。従って、富山湾の底から見上げると、立山周辺は4,000m級のアルプス並みの険しい嶺がそびえたっているように見えるであろう。

日本海の中央には大和堆と呼ばれる高まりがあり、海底掘削から大陸の断片と考えられる花崗岩類や堆積岩が知られているが、それを取り巻く日本海盆などには海の地殻が存在する（図３)。従って、日本海は大陸が裂けて、海底が拡大して誕生したものである。この地溝帯（リフト帯）は徐々に広がり、新第三紀中新世の1900万年前に玄武岩質の火成活動が活発化するとともに海水が侵入したことが明らかにされている。この時期の火山岩類は、山陰海岸ジオパークなどで観察することができる（第２章参照)。

火山岩は、その生成時のマグマが冷却する時に、その時の磁場の方向（偏角と伏角（ふっかく））を記録している。また、その火山岩の放射年代測定と磁力計を用いることによって、その時代の北の方位を復元することができる。

このようにして1600万年よりも古い火山岩の北の方位を復元すると、図11aのように東北日本では西に偏り、西南日本では東に偏る結果となった。一方、1500万年前以降の火山岩は、一部を除いて現在と同様の北の方位を示した。同じ時期に北の方位が異なることはありえないので、この偏りは日本列島がおよそ1500万年前頃までに東北日本弧が反時計回りに、西南日本弧が時計回りに回転しつつ日本海が開いたことによると考えられている。拡大前の日本列島の姿を復元すると、図11bとなる。この回転は、観音開きのドアに例えられ、その両側のドアの隙間が、東北日本弧と西南日本弧の境界をなすフォッサマグナ（糸魚川―静岡構造線より東側の大きな地溝帯、エドムント・ナウマンの命名による）に相当する。

東北地方の日本海側や山陰、フォッサマグナ、および北海道北東部などの地域では、海底下で激しい火山活動が発生し、それらの火山岩や火山砕屑岩は変質を受けて緑色に変わっていることが多いため、グリーンタフ（緑色凝灰岩の意）と総称されている。石材で有名な大谷石も、グリーンタフである。

このように、日本海拡大時から拡大後の新第三紀中新世には、日本列島の多くの部分が海底にあり、日本列島が今のような陸地になったのは、鮮新世以降である。

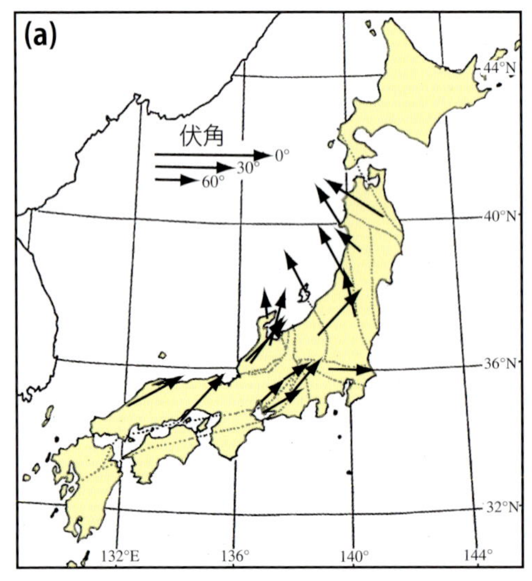

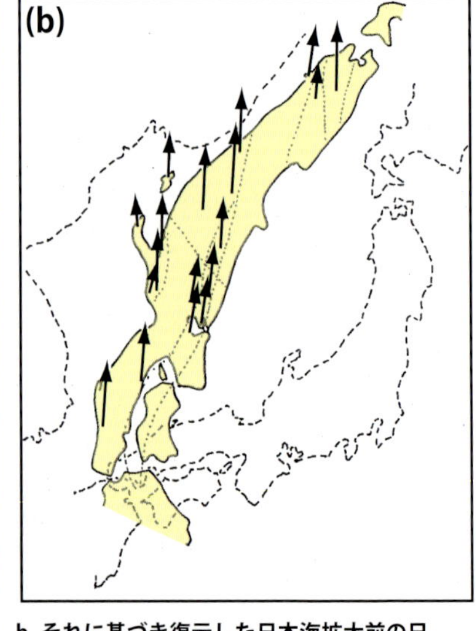

図11　**a. 1600万年前より古い岩石の古地磁気方位、b. それに基づき復元した日本海拡大前の日本列島の位置**（Hirooka et al., 1990より抜粋）。古地磁気方位の変遷は、1500万年前頃までに西南日本が時計回り、東北日本が反時計回りに回転した証拠となっている

2 伊豆弧の衝突

日本海の形成が終了した1500万年前頃から、本州弧に対して、それとほぼ直交する伊豆―小笠原弧が衝突し始めた。1200万年前頃に櫛形地塊が、引き続き御坂地塊が、500万年前頃には丹沢地塊がつぎつぎと衝突し、100万年前に伊豆が衝突して現在の半島を構成したと考えられている（図12）。これらの時期は、衝突する前の火山島と本州弧との間にあったトラフを充填する堆積物や化石の検討によって、浅海化～陸化した時期に基づき考察されている。丹沢地塊の衝突の前までには、中央構造線や西南日本の帯状の地体構造がハの字形に折れ曲がった。衝突の方向は北西であり、これはフィリピン海プレートが北西に移動して駿河トラフや相模トラフに沈み込んでいることに伴っている。日本海の拡大と伊豆弧の衝突のイベント以降、第四紀に入ると、多くの火山活動や地震活動、多様な地形の形成が生じた。いま地表で観察できる地形は、地球暦では大晦日の午後7時以降にできたものである。それらについては、第3章の中で触れる。

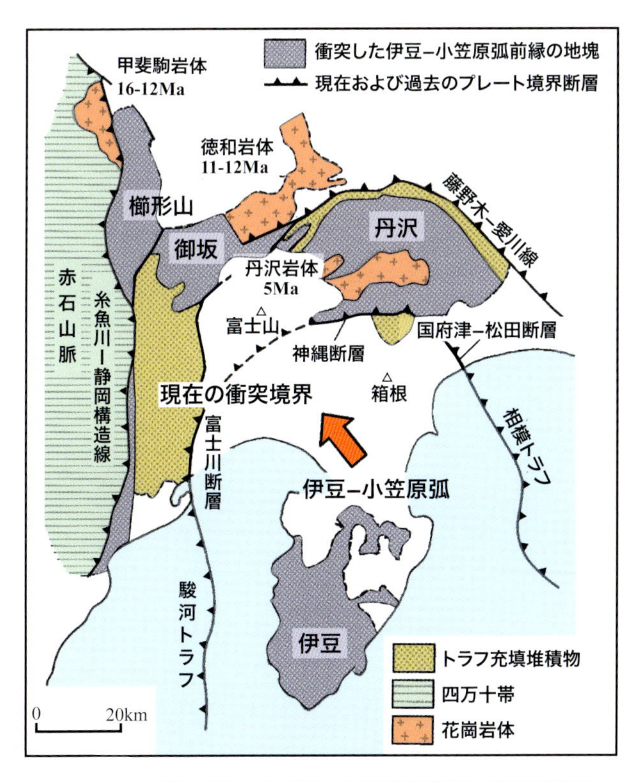

図12　**日本列島に衝突した伊豆―小笠原弧前縁部の地質構造区分**
（酒井, 1992）

6. ジオパーク

本書で取り上げた多くの地質や地形の見学地は、ジオパークのジオサイトとなっている。そこで、本節ではジオパークについて触れておこう。

ジオパークとは2000年頃からヨーロッパで始まった地質や地形を見所とする自然の公園で、「ジオ」とはギリシャ語で「大地」とか「地球」という意味である。ジオパークはユネスコが世界ジオパークネットワーク（GGN）を支援する活動であったが、2015年11月にユネスコの直接のプログラムとなった。2018年4月現在のユネスコGGN加盟地域は38カ国、140地域となっている。

ジオパークは、地質や地形を含めた自然遺産を保護・保全するとともに、ジオツーリズム（旅行）を通じて地域の振興を目指す点で、保護・保全が条約で決められている世界遺産とは異なっている。従って、ジオパークでは人の活動がより重要視されている。人の活動の意味するところは、ジオの遺産の保護活動を基盤とし、それを活用した教育・研究活動とジオツーリズムを行うことにより、地域振興につなげていく取り組みであると言える（図13）。

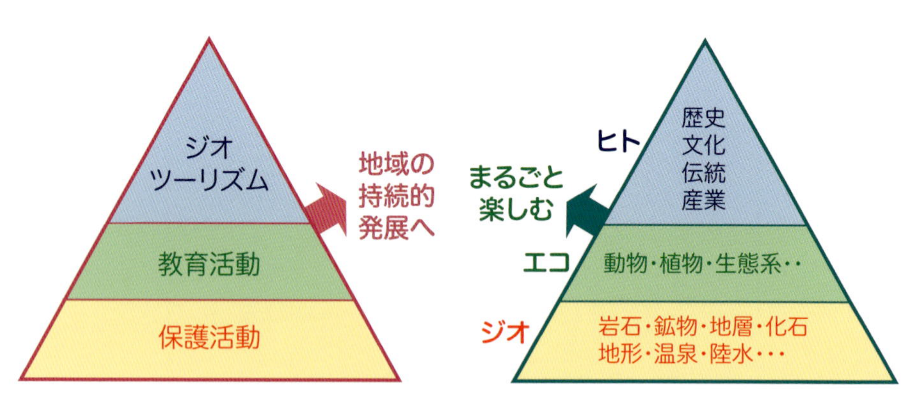

図13　**ジオパークの活動と対象**

ジオパークは通常「大地の公園」と訳されている。この「大地の公園」に少し説明を加えるとすれば、「地球と人間との関わりを学び、楽しめる大地の公園」と表現できよう。世界でここだけの地球の物語を楽しむ旅が「ジオツーリズム」で、それを楽しむ場所が「ジオパーク」である。ジオパークの見どころのポイント（ある程度の広がりがあるエリアも含む）は「ジオサイト」と呼ばれている。

私たちが住む日本列島は、地震や火山、台風や集中豪雨に伴う土砂災害など、自然災害が大変多い所である。そのような国に住む以上、ジオのしくみや成り立ちを学ぶことは、日本人のリテラシーとしても大変重要である。さらに、地球環境問題や資源・エネルギー問題にもジオは深く関わっている。ジオパークでは、ジオのことを学び、楽しむことができるだけではなく、地球と人間との関わりや、持続可能な社会の構築のことを考えるきっかけが得られることが期待される。

ジオには地形、岩石、鉱物、化石、地層、地下水、温泉などの様々な要素がある。その大地に生物が住んでいて、そこにエコ、つまり動植物とその生態がある。つまり、生態は地形・地質を基盤としており、生物多様性は「ジオの多様性」の上に成り立っているとも言える。さらにそれらすべての影響を受けながらヒトが生活し、歴史、伝統、文化、産業などをつくってきた。ジオパークは、ジオだけではなく、ジオとエコ、ジオとヒトのつながりを学びつつ、まるごと楽しめることが重要である（図13）。

従来の観光では、歴史や文化のツアーやエコツアーなどはなされてきたが、ジオを楽しむツアーはごく一部に限られていた。もともと地層や岩石は、植物や動物に比べて人の五感に訴える要素も少なく、訪れた人たちにアピールしづらいことがその要因であろう。しかし、そこに地質や地形の成り立ちのストーリーを分かりやすく解説するガイドさんが加わることにより、楽しみが一気に倍増するに違いない。ジオの成り立ちの時間スケールと空間スケールの大きさに圧倒されるのではなかろうか。また、子供たちを自然の中で育てることは、豊かな人間性を育くむことにもつながるはずである。すでに述べたようにジオパークの対象は、地質や地形だけではなく、生態や文化・歴史・産業などとジオとの関わりなども含まれていることから、総合的な学習あるいは郷土史の学習の場としても、保全と安全が確保されているジオサイトをもつジオパークは最適と言えよう。

ジオパークのあるエリアの住民の方々にとっても、生まれ育った地域の良さを再発見し、ジオのことを学びながら自分たちのジオサイトを探すことは有意義な取り組みとなるであろう。ジオパークの活動を通じて地元をもっとよく知ることが、地元に誇りを持つきっかけとなり、郷土愛を育むことにつながる。そのような地元に誇りを持った方々がガイド養成講座を受講し、ボランティアガイドあるいはプロのガイドになるケースも多く、ジオパークの活動はまさにそれらのガイドたちに支えられている。

ジオパークは学校教育とともに生涯教育の場としても重要である。ジオパーク固有の自然や文化を楽しんだ後は、名産物の食べ物や飲み物、お酒なども楽しめるであろう。そこには、きっと隠されたジオとの関わりがあるはずである。

2018年6月時点の国内のジオパークの地図と、その認定の歴史を図14に示す。国内のジオパークの数は2008年に7地域からスタートして以来、10年間で43地域となり、そのうち9地域がユネスコGGNに加盟している。

中学校の理科の教科書にも、ジオパークが取り上げられるようになっている。

日本のジオパーク

（43地域：2018年6月現在）
赤字：ユネスコ世界ジオパーク

図14　**国内のジオパーク43地域（2017年1月時点）と日本ジオパーク認定の歴史**　赤字で示した括弧内の年は、世界ジオパークに認定された年を示す。なお、2014年に認定された天草ジオパークの前身は、2009年に認定された天草御所浦ジオパークである

地質図：産業技術総合研究所 地質調査総合センター
100万分の1日本地質図第3版（CD-ROM第2版）

第１章

日本列島の成り立ち

大陸の縁辺部であった頃

日本列島が誕生した５億年前以降およそ2000万年までは、当時の大陸の東縁部で、付加体が海へと成長していた。海のプレートが運んだ様々な海底の火山岩や堆積岩が次々と海溝付近で付け加わり、それらが日本列島の骨組みをつくっていった。

写真：付加体を特徴づける三畳紀の層状チャートと海底の酸化・還元環境を示す色彩の変化：岐阜県各務原市鵜沼

1. 大陸の断片

始生代〜原生代（38億年前〜5億4千万年前）

1 日本最古の鉱物（立山黒部ジオパーク）……38億年前 ➡ 3月5日

日本列島の歴史は5億年と設定されるが、その数字は後で紹介するように、日本列島に存在する地層または岩石の最も古い年代に基づいている。つまり、それらは国内のその場所で形成されたものである。ところが、実はそれよりもはるかに古い物質が国内に存在する。それは、他の場所でできたものが運搬されて、岩石の中に取り込まれた砂粒や礫の年代が示している。

砂粒として存在するものは、ジルコンという鉱物である。その化学組成は$ZrSiO_4$で、微量成分としてウランやトリウム、希土類元素などを含む。従って、ジルコンはウラン－鉛法（U-Pb法）の放射年代測定の対象鉱物として役に立つ。ジルコンは大陸の地殻を構成する花崗岩や変成岩に一般的に含まれており、化学的にも機械的にも安定な鉱物であるため、風化・侵食・運搬を経て堆積した砂岩中の砂粒としても、よく保存される。また、その中に記録された生成年代の情報は、かなり高温で焼かれないと、年代がリセットされない。従って、多くの変成岩や一部の火成岩中に含まれるジルコンの中でも特に鉱物の中心部は、変成作用を受ける前の堆積岩中の砂粒の供給源に分布していた火成岩の年代を保持している。

富山県黒部市宇奈月温泉周辺に分布す

写真1-1　**日本最古の年代をもつジルコンが含まれている宇奈月花崗岩**
（写真：国立極地研究所　堀江憲路）

る花崗岩から、国内で最古の年代をもつジルコンが検出された。宇奈月花崗岩が貫入した年代は約1.8億年前（ジュラ紀）であるが、花崗岩の中に存在していたにも関わらず、古い年代が熱によってリセットされずに残っていたものである。その最も古い年代を保存した粒子は約38億年であり、それまで国内で知られていた岐阜県天生峠の飛騨片麻岩中に含まれている最古のジルコンの年代（33～32億年前）を更新した。しかし、いずれの最古のジルコンも、飛騨帯で見つかっていることから、飛騨帯は、大陸の先カンブリア時代の基盤岩の情報が最も集まった地域であると言えよう。

ちなみに、世界で最古の鉱物（ジルコン）の年代は、44億年という値がオーストラリアから得られている。ジルコンは花崗岩に一般的に含まれることから、地球の形成の創成期であるこの頃には、ジルコンを含む大陸地殻が形成されていたと考えられている。

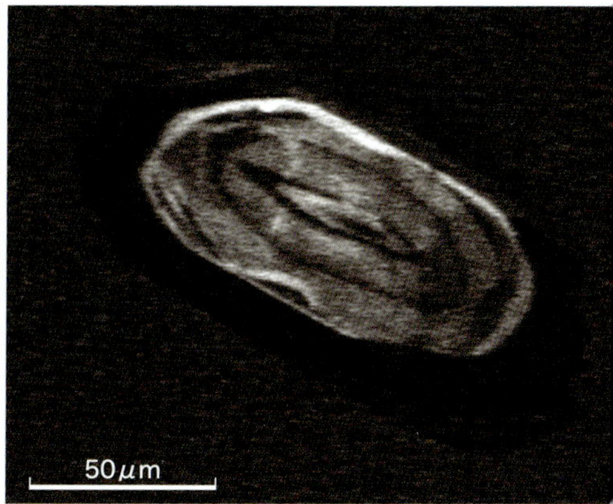

写真1-2　**左：宇奈月花崗岩から分離されたジルコンの顕微鏡写真　右：日本最古（38億年前）のジルコンのカソードルミネッセンス（CL）像**　CL像とは、電子線を鉱物に当てると発する蛍光を検出したもので、鉱物の成長の模様などがよく分かる（写真：国立極地研究所　堀江憲路）

Column

生命の誕生―38億年前

宇奈月花崗岩のジルコンが記録している38億年前という年代は、地球史でみると、グリーンランドのイスア地域から東北大学のグループにより発見された原始生命の最古の痕跡の時期と重なる。この痕跡は、岩石中に多く含まれるグラファイト（炭素鉱物）の炭素同位体組成が、現代の生物が持つものと同じであること、ナノサイズの微生物の組織や外形が認められることなどによる。当時はまだ酸素が地球上に存在していなかったが、同じイスア地域から37億年前のストロマトライトの化石もオーストラリアのグループによって見つかっている。

2 日本最古の岩石 ……20億年前 ➡ 7月26日

● 上麻生礫岩中の片麻岩礫（岐阜県上麻生） 地質百選

日本最古の岩石は、礫として運搬されたものがジュラ紀の地層の中に存在する。岐阜県七宗郡上麻生の飛驒川沿いで、美濃帯のジュラ紀付加体の砂岩泥岩の内部に礫岩が挟まれており、上麻生礫岩と呼ばれている。その中で約20億年前の年代を示す片麻岩（高温でできた変成岩）の礫が知られている。

このような年代を示す片麻岩は国内には存在せず、東アジアでは先カンブリア

写真1-3　岐阜県飛驒川沿いのジュラ紀の砂岩・泥岩互層に挟まれる上麻生礫岩

写真1-4
日本最古の片麻岩礫
左：岐阜県加茂郡七宗町にある、町立日本最古の石博物館に展示されている20億年前の片麻岩礫　右：山口県下関市の古第三紀の幡生層中の約17億年前の片麻岩礫（いずれも長径6cm）

時代の片麻岩が広く分布している韓半島（朝鮮半島）や中国などに知られている。この礫は、日本海が形成する前に、大陸の内陸部から供給されたものと考えられている。

このような古い岩石については、上麻生の道の駅に併設されている「日本最古の石博物館」で学ぶことができる。

筆者は下関市幡生（はたぶ）の綾羅木（あやらぎ）海岸の古第三紀の地層（幡生層）中の礫岩の中に、約17億年前の片麻岩礫を見出した。日本海が開く前は、韓国南東部に隣接していたと考えられるが、その礫の供給源は未だ分かっていない。

手取層群のオーソコーツァイト礫（白山手取川ジオパーク）➡ 10月31日～11月24日

飛驒地域には、日本列島を特徴づける付加体は存在せず、古生代～三畳紀にかけての飛驒変成岩、ジュラ紀～白亜紀の海成層～陸生層の手取層群と、三畳紀～ジュラ紀の花崗岩類が広く分布している。

日本海が開く前は、手取（てとり）層群などに大陸を特徴づける先カンブリア時代の岩石の破片が礫や砂粒として供給されていた。その証拠の一つとして、手取層群中の礫岩中に含まれるオーソコーツァイト礫の存在が挙げられる。

写真1-5　**白山登山道（観光新道：標高約2,000m）沿いの手取層群中のオーソコーツァイト礫を多量に含む礫岩の露頭**　白色の礫のほかに、赤味を帯びたもの、灰色のものなどが多数含まれている。手取川沿いの百万貫岩も、オーソコーツァイト礫を含む礫岩である（写真：白山手取川ジオパーク推進協議会）

オーソコーツァイトとは、砂粒の大部分が風化に強い石英から構成される砂岩で、安定大陸における乾燥気候の場所で長時間かけて風化に弱い長石や雲母が取り除かれた結果として形成したもので、広大な露出面積を占める砂岩である。日本のような造山帯では長時間安定な環境にないため、地層としてはほとんど存在しないが、お隣りの韓国や中国ではカンブリア紀の地層などに広く存在する。

各地から集めた手取層群に含まれるオーソコーツァイト礫５試料中のイライトという粘土鉱物の K-Ar年代は約7.8億年前（富山県猪谷産）～4.7億年前という原生代末期～オルドビス紀の値を示している。オーソコーツァイト礫は大変堅くて風化に強いため、国内各地の様々な時代の地層中でその産出が知られているが、手取層群中のものはその量と礫の大きさという点で際立っており、飛騨帯がより大陸に近かったことを示している。

原生代の片麻岩礫が見つかっている上麻生礫岩や下関市の幡生層中にも、オーソコーツァイト礫が存在する。

0.5mm

写真1-6 **福井県大野市、九頭竜湖の北、智奈洞**（ちなぼら）**谷の手取層群中のオーソコーツァイトの巨礫**（約30cm）**の偏光顕微鏡写真（左）及びカソードルミネッセンス（CL）像（右）**
砂粒はほとんどすべて石英である。砂粒の形は、左の偏光顕微鏡写真では「ダストリング」がないとよく分からないが、CL像では、砂粒とその隙間を埋める石英が明瞭に区別でき、砂粒がよく円磨されていることが分かる

2. 日本列島の起源１

カンブリア紀〜オルドビス紀（5億4千万年前〜4億4千万年前）

1 日本最古の岩体

大陸から流れてきた礫や砂粒を除く国内で最も古い岩石は、カンブリア紀まで遡ることができる。地球暦では、日本列島の歴史は11月下旬に始まったといえる。国内のカンブリア紀の岩石は、茨城県日立、熊本県竜峰山帯、宮城県早池峰山、三郡―蓮華帯、長崎変成岩の一部などの地帯で断片的に知られている。

● 日立のカンブリア紀の岩石 ➡ 11月22日頃

茨城県日立地域には、阿武隈変成帯の高温・低圧型変成作用を受けている地層と、変形した古期花崗岩が広く分布する。

日立地域の赤沢層（主に玄武岩質変成岩）、玉簾層（たまだれそう）などの変成岩に含まれるジルコンのU-Pb年代は、約5億年前であることが明らかにされている。この古い年代は、砂粒としてもともと保持されていた年代を示し、ほぼこの年代が堆積した年代として解釈できる。

また変成岩に伴われる古期花崗岩も5億年前の値が得られており、八代市の竜峰山帯の古期花崗岩（氷川マイロナイト）と共に、国内最古の花崗岩である。

写真1-7　**5億年前に堆積した玄武岩質火砕岩由来の日立変成岩赤沢層**（東連津川沿い）

写真1-8　**ヒスイ輝石岩の巨大な岩塊も見られる新潟県小滝川沿いのジオサイト**

糸魚川のヒスイ（糸魚川ジオパーク）……5.2億年前 ➡ 11月20日

国天然　地質百選　日本の国石　新潟県の石

糸魚川ジオパークの一つの目玉でもあるヒスイは、ヒスイ輝石という輝石の仲間で、圧力の高い変成岩にのみ産する。糸魚川のヒスイ輝石岩は蓮華帯（三郡（さんぐん）－蓮華変成帯）と呼ばれる3.8～2.6億年前（白雲母K-Ar年代）の結晶片岩に伴って存在する。このような年代を示す変成岩は、中国山地（鳥取県若桜（わかさ））や長門構造帯、九州北東部（福岡県若宮）などに断片的に分布している。

糸魚川西部に分布する蓮華帯の結晶片岩は、網目状に発達する蛇紋岩の中に取り込まれたブロックの産状（蛇紋岩メランジュ）を示し、地下深部の圧力の高い部分から蛇紋岩とともに持ち上げられたものと考えられている。ただし、ヒスイ輝石そのものはフッ石とともに熱水作用で形成され、伴われるジルコンU-Pb年代は約5.2億年前のカンブリア紀の年代を示すことが知られている。糸魚川産のヒスイの緑色の原因は、オンファス輝石の鉄による発色であるとされている。

野母半島のはんれい岩 ……5.2〜5.1億年前 ➡ 11月20日 長崎県天然

長崎県野母(のも)半島南端部の野母崎周辺及びその北方の以下宿町の西海岸沿いには、周防(すおう)変成岩（三畳紀）の上位に、野母変はんれい岩複合岩体と呼ばれる岩体が分布している。この変成したはんれい岩からは、およそ4.7〜4.5億年前（オルドビス紀）の角閃石K-Ar年代が知られていたが、近年その岩体の花崗岩質岩から5.2〜5.1億年前（カンブリア紀）を示すジルコンU-Pb年代が得られている。

写真1-9 **長崎県野母半島夫婦岩の変はんれい岩** 遠方に見える島は軍艦島（端島）（写真：笹倉 涼）

Column

カンブリア大爆発

日本最古の岩石の年代が示すカンブリア紀（5.41〜4.85億年前）の初頭、すなわち古生代の始まりには、多様な生物種が一気に出そろい、それはカンブリア大爆発と呼ばれている。

化石の資料によると、各種サンゴや貝類、腕足類、三葉虫などが現れ、ほとんどすべての動物門が出現した。5.3億年前のカナダのバージェス動物群や5.2億年前の中国の澄江動物群などの研究からも、カンブリア紀の種の多様性の増大がよく知られるようになった。国内におけるカンブリア紀の化石の発見も、いつかあるかもしれない。

早池峰山の蛇紋岩（三陸ジオパーク） ➡11月21日頃 岩手県の石

北上山地の最高峰で日本百名山でもある早池峰山（はやちね）（1,917m）は、蛇紋岩が広く露出しているため、蛇紋岩地帯固有の植物が見られる。早池峰山で有名なハヤチネウスユキソウもその一つである。蛇紋岩またはかんらん岩地帯固有の植物が見られる山としては、早池峰山のほかに夕張岳、アポイ岳、白馬の八方尾根、尾瀬の至仏山などが有名である。早池峰山を含む蛇紋岩帯は、玄武岩やはんれい岩とともに南部北上帯の古生代の地層の基盤を構成している。早池峰山の蛇紋岩に伴われるはんれい岩からは、約5.1億年前という放射年代が報告されている。

写真1-10 **早池峰山8合目付近の蛇紋岩**
手前の緩傾斜の部分ははんれい岩や玄武岩（写真：岩手県立博物館研究協力員 大石雅之）

写真1-11 **ハヤチネウスユキソウ**
（写真：遠野市環境課）

2 日本最古の地層 (飛騨外縁帯、岐阜県一重ヶ根) ➡ 11月25日頃

日本最古のオルドビス紀の化石を含む地層は、岐阜県上宝村一重ヶ根地域の飛騨外縁帯で知られている。その化石はコノドントと呼ばれる径0.2～1mm程度の微化石で、歯のような突起を持つ。コノドントはカンブリア紀に出現し、三畳紀末に絶滅した化石で、海の脊椎動物の歯と考えられている。一重ヶ根地域のこの地層は珪長質凝灰岩や凝灰質泥岩からなり、写真のように細かく互層する。

写真1-12
日本最古の化石を含んだ地層の研磨片 (縦幅約20cm、写真：名古屋大学博物館　束田和弘)

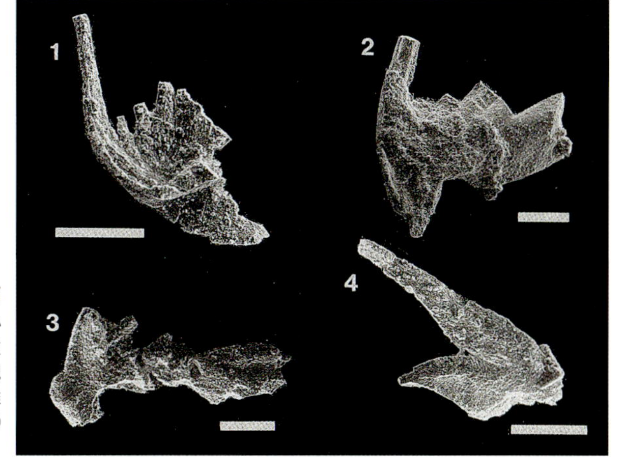

写真1-13
オルドビス紀のコノドント化石
(スケールは0.1mm、束田和弘・小池敏夫、1997、岐阜県上宝村一重ヶ根地域より産出したオルドビス紀コノドント化石について。地質学雑誌、103、171-174、Fig. 4を転載Ⓒ日本地質学会)

3. 日本列島の起源２

シルル紀〜デボン紀（4億4千万年前〜3億6千万年前）

1 南部北上帯（氷上花崗岩、シルル紀〜デボン紀の堆積岩）

日本列島におけるオルドビス紀以降の古生代の地層が最も良く発達している地帯が南部北上帯である。南部北上帯と類似する古生代の地層は、断片的に黒瀬川帯、飛騨外縁帯に知られている（図2、15）。古生代の地層の基盤をなす花崗岩は、南部北上帯の氷上花崗岩や黒瀬川帯の三滝花崗岩などであり、およそ4.4億年前のオルドビス紀〜シルル紀の年代値が知られている。

● 大船渡市クサヤミ沢の不整合（シルル紀：三陸ジオパーク） ➡ 11月28日

大船渡市日頃市町長安寺の大森沢支流のクサヤミ沢では、氷上花崗岩とシルル紀と考えられている川内（かわうち）層の砂岩との不整合が認められる。クサヤミ沢の北方1.8km付近の樋口沢には、国内で始めてシルル紀の化石が発見された石灰岩が存在し、国の天然記念物、岩手県の化石に指定されている。

写真1-14　**大船渡市日頃市町クサヤミ沢の4.4億年前の氷上花崗岩（下部）と川内層のシルル紀（4.2億年前）の砂岩（上部）の不整合**（ハンマーの柄の下端部の境界面）

写真1-15
シルル紀川内層に含まれるクサリサンゴの化石（日頃市町行人沢産：横幅4cm）（写真・所蔵：大船渡市立博物館）

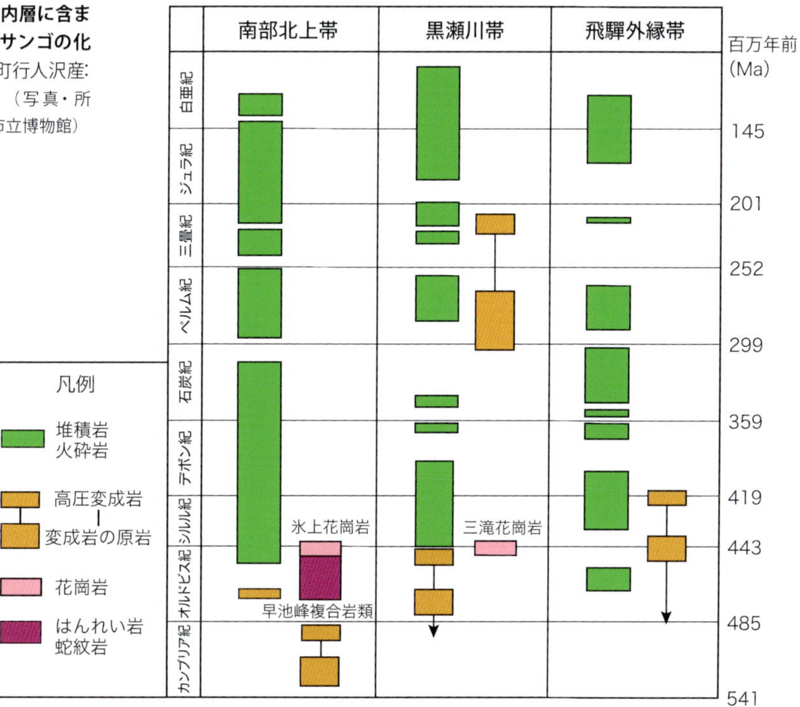

図15　**南部北上帯―黒瀬川帯―飛騨外縁帯を構成する地層や岩石の時代の対比**
（永広、2000に基づき簡略化）

2 飛騨外縁帯（シルル紀〜デボン紀の地層）

● 福地地域のシルル紀〜デボン紀の化石 ……約4.2億年前 ➡ 11月28日前後

オルドビス紀の日本最古の化石が存在する飛騨外縁帯では、シルル紀〜デボン紀の化石を含む凝灰岩や石灰岩が存在する。ここでは、岐阜県上宝村福地地域のシルル紀〜デボン紀の化石を紹介しよう。

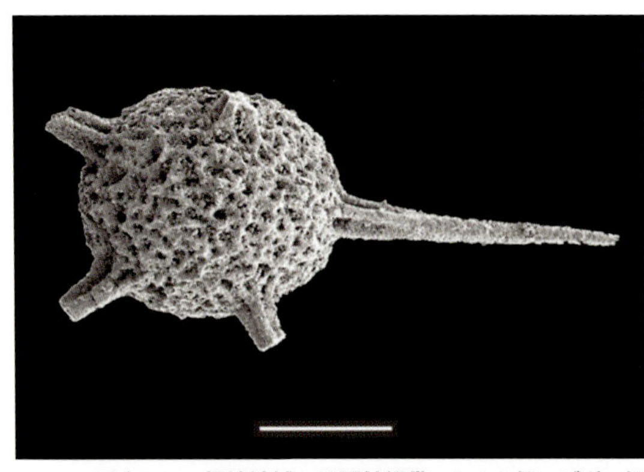

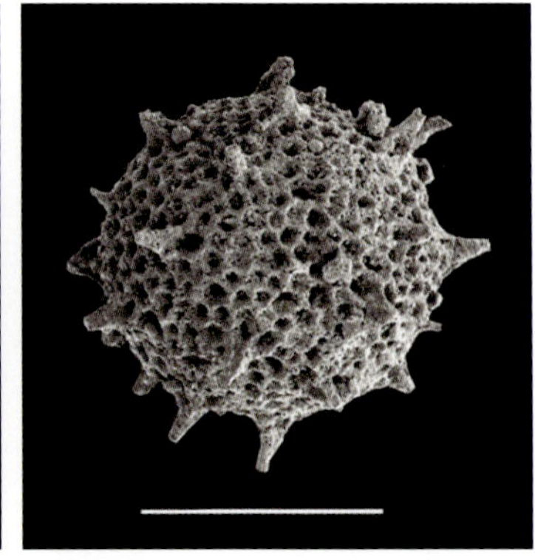

写真1-16　**福地地域の飛騨外縁帯、シルル紀〜デボン紀の放散虫化石**（スケールは0.1mm、写真：モンゴル科学技術大学 Manchuk Nuramkhaan）

写真1-17　**福地地域の飛騨外縁帯、デボン紀のハチノスサンゴ**（*Favosites* sp.）（写真：名古屋大学博物館 束田和弘）

3 黒瀬川帯（シルル紀〜デボン紀の地層）

黒瀬川帯は、西南日本外帯に分布するジュラ紀付加体の秩父帯に断片的であるが関東から九州まで存在する地帯で、古生代の花崗岩や変成岩、堆積岩が分布する。また、蛇紋岩を多く伴うことも特徴である。その構成岩類は、南部北上帯のものに大変類似しているため、東北日本の要素が西南日本外帯に存在するものと考えられている。黒瀬川帯のでき方については多くの説があり、研究者によって一致をみていないが、日本列島の発達史を理解する上で鍵となる地域である。ここでは、愛媛県の四国西予ジオパークの重要なジオサイトを紹介する。

● 須崎海岸のデボン紀凝灰岩（四国西予ジオパーク）……4億年前 ➡ 11月30日

愛媛県西予市三瓶町周木の半島状に突き出た須崎海岸には、黒瀬川帯の典型的な地層の一つである酸性凝灰岩（石英の成分が多いことから、チャートに似た緻密で硬い凝灰岩）が分布し、四国西予ジオパークの重要なジオサイトになっている。地層中の石灰岩礫からは、約4億年前のサンゴの化石が知られている。

写真1-18 **須崎海岸に認められる黒瀬川帯の凝灰岩**（写真：上甲信男）

写真1-19　**秋吉台のカルスト地形**（写真：*Mine*秋吉台ジオパーク推進協議会）

4. 日本列島の骨格形成 1

石炭紀〜ペルム紀（3億6千万年前〜2億５千万年前）

1 秋吉帯（石炭紀〜ペルム紀の石灰岩）

紡錘虫（フズリナ）が繁栄した古生代後期（石炭紀〜ペルム紀）は、地球暦では師走に入った時期に相当する。日本列島の骨格を特徴づける付加体の中で、古生代後期（石炭紀〜ペルム紀）の代表的な付加体は、秋吉帯と呼ばれている。

秋吉帯では、山口県秋吉台、福岡県平尾台、岡山県阿哲台、広島県帝釈台などのカルスト地形をもつ石灰岩地帯が存在する。

● 秋吉台（*Mine*秋吉台ジオパーク）……3.1〜2.6億年前 ➲ 12月7日〜11日

国特天然　地質百選　山口県の石

山口県の秋吉台は、北東方向に16km、北西方向に6kmの広がりをもつ国内最大のカルスト台地である。秋吉台では石炭紀〜ペルム紀の標準化石である紡錘虫を用いて、古くから研究がなされてきた。特に帰り水ドリーネに見られる地層の積み重なり方の解釈については、古くより横臥褶曲説や、整合説など、様々な説が唱えられた。近年では当時のパンサラッサ海の環境の復元がなされている。

写真1-20　**秋吉台の石灰岩中の前期ペルム紀紡錘虫化石**
スケールは1cm（写真：美祢市立秋吉台科学博物館　藤川将之）

平尾台（福岡県北九州市）　国天然　地質百選

福岡県北九州市の平尾台では、石灰岩が約1億年前の花崗岩の熱で焼かれた結晶質石灰岩（大理石）となっている。その石灰岩柱の上面は丸みを帯びているため、地元では羊群原（ようぐんばる）と呼ばれており、秋吉台とは少し異なる景観をつくっている。

写真1-21　**平尾台のカルスト地形羊群原**（写真:平尾台自然の郷 堤 紀文）

2 南部北上帯（石炭紀～ペルム紀の石灰岩）

付加帯の石灰岩は、通常ブロック状の産状を示し、層状石灰岩はほとんど見ることはできない。一方、赤道付近で堆積した浅海性の堆積物を主体とする南部北上帯の石灰岩の中には、地層の積み重なりが明瞭な石灰岩が存在し、サンゴ化石が含まれる。その例として、石炭紀とペルム紀の石灰岩を紹介する。

● 鬼丸層の石炭紀層状石灰岩（三陸ジオパーク）……3.4億年前 ➡ 12月5日

写真1-22
大船渡市日頃市町鬼丸の層状石灰岩の露頭　石炭紀のサンゴ化石を多産する

写真1-23
石炭紀鬼丸層中の四放サンゴ化石
（写真：大船渡市立博物館）

● ペルム紀のサンゴ礁（三陸ジオパーク） …… 2.6億年前 ➡ 12月11日 宮城県天然

三陸復興国立公園の気仙沼市岩井崎の石灰岩中には、サンゴ、ウミユリ、細長いフズリナ（松葉石）などが観察でき、ペルム紀のサンゴ礁を彷彿とさせる。

写真1-24
ペルム紀の化石を多産する岩井崎の石灰岩　一部潮吹き岩となっている

写真1-25
岩井崎の石灰岩中のサンゴ化石（枝状四放サンゴ）

5. 日本列島の骨格形成 2

三畳紀〜ジュラ紀（2億5千万年前〜1億4500万年前）

1 P–T境界と大量絶滅

短期間に多くの種類の生物が絶滅する「大量絶滅」は、生物が地球に誕生してから現在までに少なくとも5回起きたことが分かっている。それらは、オルドビス紀―シルル紀境界、デボン紀後期の境界（F-F境界）、ペルム紀―三畳紀境界（P-T境界）、三畳紀―ジュラ紀境界（T-J境界）、そして白亜紀―古第三紀境界（K-Pg境界）である。そのうち、2.5億年前頃（古生代ペルム紀末）に起きた大量絶滅は、三葉虫や紡錘虫を含むすべての生物種の90〜95%が絶滅するという、地球史上最大のものであった。その原因はまだよく分かっていないが、1. 地球規模で海岸線が後退（海退）したことにより、食物連鎖のバランスが大きく崩れたという説、2. 巨大なマントルの上昇流（スーパープルーム）によって発生した大規模な火山活動により大量の二酸化炭素が発生し、温室効果による気温上昇をもたらし、大量絶滅の原因になったとする説、がある。国内におけるP-T境界層は、数箇所で知られている。ここでは岩手県岩泉町の例を紹介する。

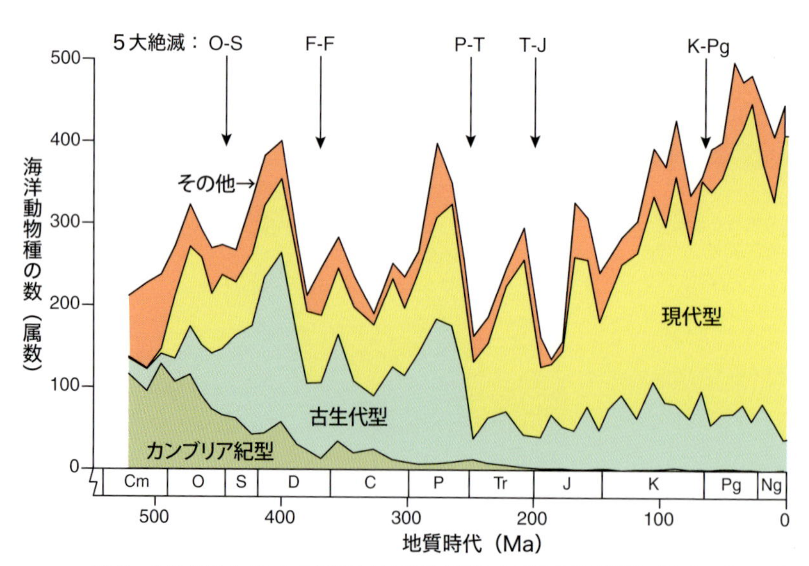

図16　**大量絶滅イベントの歴史を示す顕生累代における生物多様性（海棲の非四足後生動物）の推移**　横軸は年代を表し単位は百万年。矢印が5大絶滅事件（ビッグファイブ）Alroy,et al.(2010)より作成

北部北上帯のP-T境界層（三陸ジオパーク）

……2.5億年前 ➲ 12月12日

岩手県岩泉町安家森で見られるP-T境界層については、海水に含まれる酸素が長期間欠乏していた海洋無酸素事件が関わった可能性が指摘されている。一見何の変哲もないこの露頭の中に、地球史の重要なイベントが記録されているのである。

写真1-26 **岩手県岩泉町で見られるP-T境界層** 境界はハンマー上の剥がれている黄色い部分の下底面。地層の時代は、泥岩中に含まれているコノドントや放散虫で決められている（写真：東北大学総合学術博物館 永広昌之）

Column

巨大隕石の衝突で起こった中生代末期の大量絶滅

５大絶滅最後の中生代白亜紀と新生代古第三紀の境界（K-Pg境界）では、P-T境界の次に大きな大量絶滅があり、中生代の重要な化石であるアンモナイトや恐竜も絶滅した。それは、ユカタン半島に落下した巨大隕石が衝突したことが引き金になったと考えられている。国内におけるK-Pg境界は、北海道浦幌町でトレンチ調査によって認められているが、明瞭な露頭は知られていない。

2 ジュラ紀付加体　……2〜1.45億年前

● 秩父帯のメランジュと石灰岩ブロック（ジオパーク秩父）

……3〜2億年前 ➡ 12月8日〜16日

日本列島のジュラ紀付加体は、西南日本内帯の丹波—美濃—足尾帯、外帯の秩父帯、東北日本の北部北上帯など、広い面積を占めている。以前は、その中の石灰岩中の紡錘虫（フズリナ）の化石などから古生代の地層であると考えられてきたが、それらの石灰岩は泥岩中にブロックとして取り込まれており、泥岩中の放散虫の化石年代が確立されるようになってからは、古いブロックはジュラ紀に付加したことが明らかにされた。

このように、放散虫を用いた地層の時代決定は日本の地質学に大きな転換を与え、「放散虫革命」とも呼ばれている。

「秩父古生層」と呼ばれた地層もジュラ紀に付加したものであり、古生代後期の紡錘虫化石が得られている石灰岩は、ジュラ紀の泥岩中のブロックである（図17）。この図に示された石灰岩ブロックの最大のものは武甲山のブロックで、その長径は東西7km近くに達している。一方、地図に表現できない程度のサイズ（数百m 〜数十cm）のブロックも数多く存在する。なお、図17では石灰岩の分布のみを示しているが、メランジュを特徴づけるブロックやレンズ状岩体をなすのは石灰岩だけではなく、チャートや緑色岩も存在する。

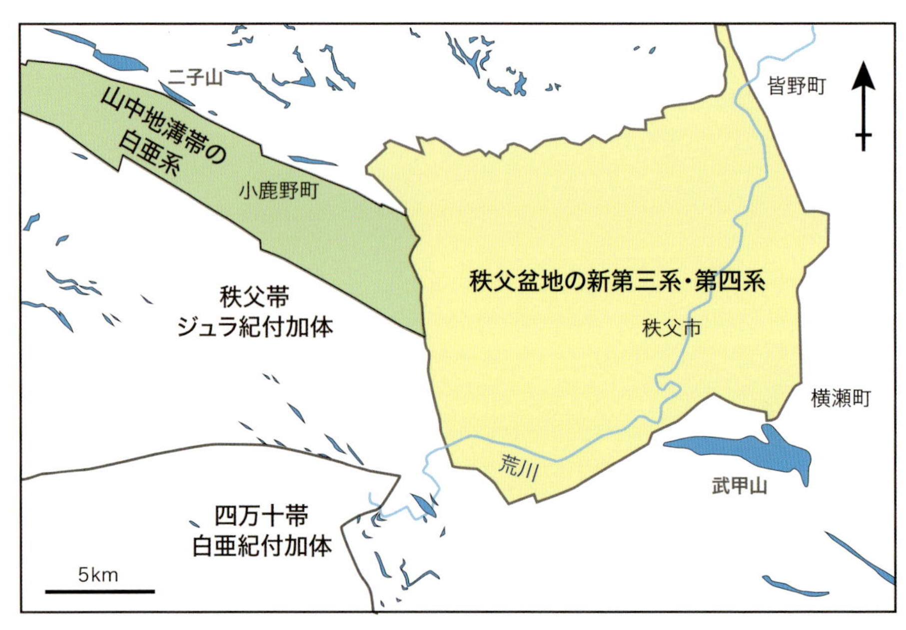

図17　**秩父地域の秩父帯の石灰岩ブロック（青色で示す）の分布**（産業技術総合研究所地質調査総合センター５万分の１地質図「万場」「寄居」「三峰」及び20万分の１地質図「東京」より作成）

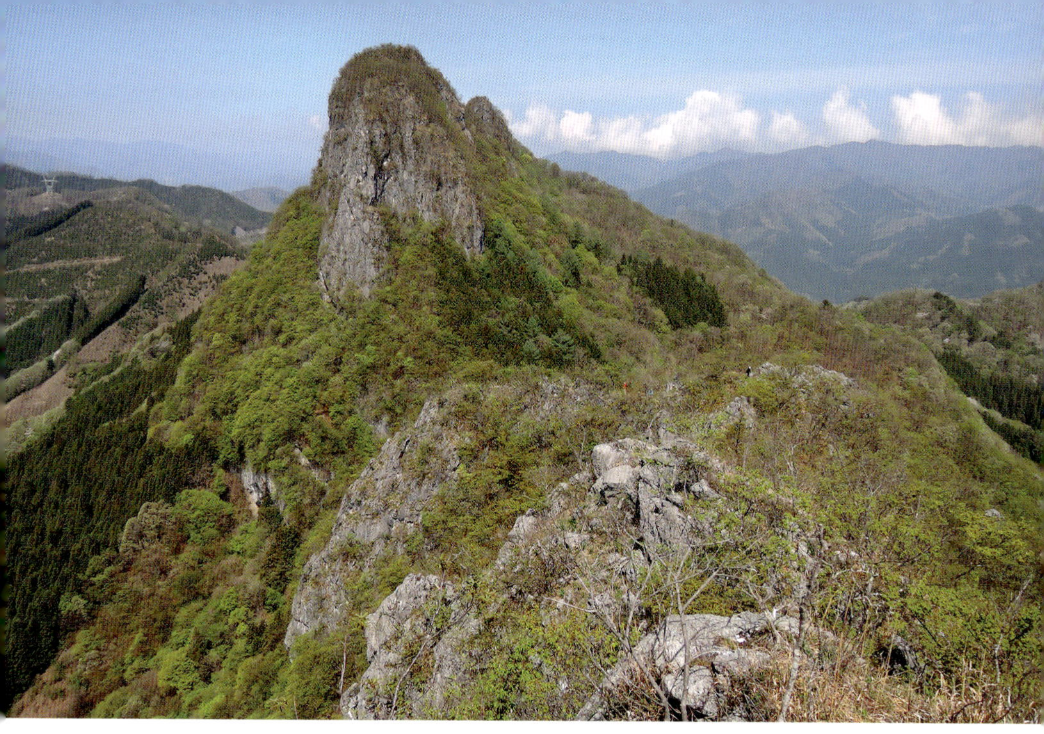

写真1-27　**埼玉県小鹿野町の秩父帯ジュラ紀付加体中のメランジュの巨大ブロックを構成する古生代後期の紡錘虫を含む二子山石灰岩**（写真：小鹿野町おもてなし課）

写真1-28　**秩父帯ジュラ紀付加体中の巨大ブロックを構成する武甲山の三畳紀石灰岩**　石灰岩の採石場の反対側（南側）は、緑色岩、泥岩、チャートなどの岩石が分布しており、登山ルートとなっている。芝桜で有名な手前の羊山丘陵は、13万年前に荒川がつくった段丘面

木曾川沿いの三畳紀のチャート ……2.5～2億年前 ➡ 12月12日～16日

国名勝　地質百選　岐阜県の石

西南日本内帯のジュラ紀付加体である美濃帯の中でも、各務原（かかみがはら）市を流れる木曾川沿いには層状チャートの代表的な露頭が存在し、多くの研究がなされている。

チャートは放散虫（二酸化ケイ素の成分の殻をもつ海のプランクトン）が海底に沈積してできた岩石で、石英を主成分とするため非常に硬くて侵食に強いこともあり、山の稜線やピークをなすことが多い。チャートには様々な色があり、赤色チャートは酸化環境、緑色～黒色チャートは還元環境を示す。各務原市鵜沼の木曾川右岸では、三畳紀のチャート堆積時の海洋の無酸素～貧酸素環境の変化が検討されている。この露頭をP-T境界と紹介されることがあるが、それは誤り。

写真1-29
岐阜県各務原市鵜沼宝積寺付近の木曾川右岸、美濃帯の三畳紀チャート　海底の貧酸素環境を示す黒色～緑色チャートの上位に、酸化環境を示す赤色チャートが堆積し、三畳紀における海洋環境の変化を読み取ることができる
（写真：岐阜県博物館 松本正樹）

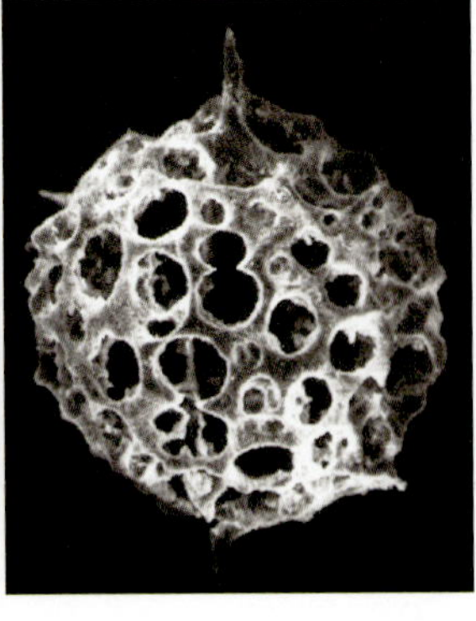

写真1-30
美濃帯、各務原市鵜沼周辺のチャートに含まれている三畳紀放散虫化石の例
（提供：名古屋大学博物館）

3 三畳紀～ジュラ紀の地層

● 三畳紀稲井層群伊里前層のスレート …… 約2.4億年前 ➡ 12月12日

稲井石 宮城県の石

古くから全国に石碑として用いられている稲井石は、石巻市井内～湊より産出する三畳紀の海の地層である。地層の堆積面とスレートの劈開面（剥がれやすい面）とが斜交しているため、剥がれた面で観察すると縞模様のラミナ（葉理）が見られる。このラミナは、海底の生物の活動によって乱された生物擾乱を示す。石巻市雄勝からはペルム紀のスレートを産し、東京駅の屋根などに使われている。

写真1-31
稲井石の石碑の例 昭和三陸津波の翌年の1934年に建立、2011年の東北地方太平洋沖地震の津波で流され、その後見つかって戻された浄土ヶ浜の昭和三陸津波記念碑（高さ約3m）の一部。稲井石の生物擾乱の特徴がよく表れている

写真1-32
稲井石スレートの石巻市湊の採石場 水平に近い層理面（地層の面）と大きく斜交するスレートの劈開面に沿って、切り出されている（写真：アベタ石材株式会社）

美祢層群の三畳紀植物化石（*Mine*秋吉台ジオパーク）

……2.3億年前 ➡ 12月13日 山口県の化石

国内の代表的な三畳紀の地層である美祢（みね）層群は陸生層であり、トクサ、シダ、ソテツ類、イチョウなどの植物化石がよく保存されており、山口県の化石にも指定されている。また、昆虫の化石も見つかっている。三畳紀の炭田として大嶺（おおみね）炭田などがあり、良好な無煙炭を産出していた。大森林の時代であったことを彷彿とさせる。

写真1-33
美祢層群桃ノ木層のシダ化石（横幅10cm、写真：*Mine*秋吉台ジオパーク推進協議会、所蔵：美祢市歴史民俗資料館）

三畳紀後期の化石：モノチス（三陸ジオパーク）……2.2億年前 ➡ 12月14日

二枚貝のモノチスは、三畳紀後期の重要な示準化石であり、三畳紀末に絶滅した。1881年にエドモンド・ナウマンにより南三陸町（旧歌津町）皿貝坂で発見されたモノチスは、国内初の三畳紀化石の発見となり、町指定天然記念物となっている。

写真1-34
皿貝坂西方の長の森層下部産モノチス化石
（写真：東北大学総合学術博物館 永広昌之）

 豊浦層群のジュラ紀のアンモナイト（下関市豊田町）…… 1.8億年前 12月17日

ジュラ紀の代表的な海の地層の一つとして、山口県西部に分布する豊浦層群が挙げられる。下関市豊田町東長野（石町）周辺は、ジュラ紀のアンモナイトを多産する。

写真1-35
豊浦層群中の前期ジュラ紀のアンモナイト（縦径5cm、写真：*Mine*秋吉台ジオパーク推進協議会、所蔵:美祢市歴史民俗資料館）

牡鹿半島のジュラ紀の地層と褶曲（三陸ジオパーク）…… 1.6億年前 12月19日

宮城県牡鹿半島牧の崎海岸沿いには、写真のような見事な褶曲が発達している。地層は中期ジュラ紀から前期白亜紀に堆積した牡鹿層群のうちの後期ジュラ紀の部分である。牡鹿層群にはアンモナイトや貝化石が豊富に産出する。

写真1-36　**宮城県石巻市牡鹿半島牧の先に見られるジュラ紀の地層の褶曲**　2011年３月に発生した東北地方太平洋沖地震の際に最大２m沈降したため、同年８月に撮影したこの露頭は、干潮時であるにもかかわらず、地震前に比べてかなり水没している

4 三畳紀〜ジュラ紀の変成岩

● 飛騨変成岩（立山黒部ジオパーク）……2.5〜1.8億年前 ➡ 12月12日〜17日

高温・低圧型変成岩の飛騨変成岩は、三畳紀〜ジュラ紀の飛騨花崗岩に伴って広く分布する。飛騨地方のほか、隠岐島後（どうご）（片麻岩：2.5億年前）や島根半島にも存在が確認されている。飛騨変成岩は、結晶質石灰岩（大理石）をよく伴う。

富山県片貝川上流域では、片麻岩や花崗岩、眼球状マイロナイトなどが南北に帯状に分布し、その東部の黒部川流域では宇奈月結晶片岩と呼ばれる片理（薄くはがれやすい性質を持つ面）の発達した岩石が分布している。宇奈月結晶片岩には、石炭紀の化石が知られ、酸性火山岩が変成したレプタイトと呼ばれる岩石や、十字石という珍しい鉱物も出現する。

飛騨帯のマイロナイトから読み取れる三畳紀〜ジュラ紀の右ずれ剪断帯（せんだんたい）は、日本海が開く前には韓国の北東—南西に延びる三畳紀〜ジュラ紀の右ずれ剪断帯に繋がっていたと考えられている。

写真1-37　**白黒の縞模様が明瞭な飛騨片麻岩**（片貝川上流東又谷）

写真1-38　**飛騨帯の典型的な眼球状マイロナイト**　右横ずれ剪断作用を受けた斑状花崗岩。ピンク色の斑晶はカリ長石、白色は斜長石、ヒゲのように伸びた白い層には石英、黒色部には黒雲母が含まれる（片貝川上流南又谷、縦6 cm）

写真1-39　**宇奈月帯の十字石**（富山県宇奈月市民サービスセンターの標本）　富山県天然　富山県の鉱物

写真1-40　**山口県岩国市錦町の結晶片岩**（泥質片岩）（写真：西村祐二郎）

● 周防変成岩　……三畳紀、約2.2億年前 ➲ 12月14日

西南日本内帯の中国地方〜九州東部に分布する低温・高圧型変成岩は、三郡(さんぐん)変成岩と総称されていた。その年代測定により、三郡変成岩は、（三郡）蓮華変成岩（約3億年前：石炭紀）、周防変成岩（約2.2億年前：三畳紀）、智頭変成岩（約1.8億年前：ジュラ紀）、に区分されている。これらの年代は、飛騨変成岩の年代分布と類似しており、両者は対の変成帯をなすと考えられている。

6. 日本列島の骨格形成３

白亜紀（1億4500万年前～6600万年前）

1 領家変成岩と花崗岩 ……1億年前～7000万年前 ➡12月24日

● 長野県高遠の領家変成岩（南アルプス〔中央構造線エリア〕ジオパーク）

領家変成帯は中央構造線の北側の内帯に分布し、ジュラ紀付加体である丹波ー美濃ー足尾帯の堆積物が、およそ１億年前にシート状に貫入した領家花崗岩類（古期花崗岩）の熱の影響で広域に変成した高温・低圧型変成帯である。領家変成岩は、長野県高遠、愛知県幡豆、山口県柳井などの地域で広く分布する。

写真1-41　**長野県伊那市高遠ダム付近の三峰川沿いの領家変成岩**　ざくろ石・珪線石・菫青石などの特徴的な変成鉱物を含む片麻岩

白亜紀には、国内のそれまでの付加体などの堆積物を貫いて多量の花崗岩が貫入した。白亜紀前期（1.2～1.0億年前）には九州の肥後帯、東北日本（阿武隈帯、北上帯）、白亜紀後期～古第三紀（1億～6000万年前）には西南日本内帯（領家帯・山陽帯・山陰帯）などに貫入した。

ここでは、主に白亜紀の花崗岩が各地でつくり上げている景勝地などの例を次の頁に紹介しよう。

写真1-42　**木曾山脈、千畳敷カール（一部）と宝剣岳（2,931m）の木曾駒花崗岩**　花崗岩の節理に浸透した水の凍結（膨張）と融解を繰り返すことにより、機械的風化が寒冷地で進みやすい（写真:大亀喜重郎）

木曾駒ヶ岳千畳敷カールの領家花崗岩　……7000万年前 ➡ 12月26日

木曾山脈（中央アルプス）は主に領家花崗岩、領家変成岩で構成されており、木曾駒ヶ岳（日本百名山）周辺の千畳敷カールでは、約7000万年前の角閃石K-Ar年代をもつ花崗閃緑岩（木曾駒花崗岩）を目の当たりにすることができる。

稲田花崗岩とホルンフェルス（筑波山地域ジオパーク）　……6000万年前 ➡ 12月26日　茨城県の石

茨城県の筑波山周辺の稲田では、稲田石または稲田みかげとして江戸時代より石材として使われている花崗岩が分布している。

周辺では、ジュラ紀の付加体（八溝帯）の堆積岩が花崗岩によって焼かれたホルンフェルスとの貫入関係の様子を見ることができる（写真1-44）。

● 寝覚の床の花崗岩（長野県上松町） ……6800万年前 ➡ 12月26日 国名勝

木曽川沿いの景勝地、寝覚の床では、花崗岩に発達する節理（割れ目）がよく観察できる。節理面に沿って四角く割れやすく、方状節理と呼ばれている。

写真1-43
木曽地域領家帯「寝覚の床」の花崗岩（上松花崗岩）の方状節理
（写真：上松市観光協会）

写真1-44
石材で有名な稲田花崗岩（白色部）とホルンフェルスの関係　泥岩がホルンフェルスになると黒雲母ができるために、赤紫がかった褐色を帯びる

2 三波川変成岩

関東地方の神流川(かんながわ)の支流、三波川に由来する三波川変成帯は、関東山地から九州の天草下島～長崎半島まで、一部連続性を断たれながらも細長く分布する低温・高圧型変成帯である。三波川変成岩は主に白亜紀の付加体を構成する玄武岩類、チャート、陸地から供給された泥岩や砂岩（まれに礫岩）などが地下15～30kmの高い圧力を受けて変成したものが、隆起・侵食を経て地表に露出したもので、典型的な岩石は結晶片岩である。埼玉県長瀞や徳島県の大歩危・小歩危などは、三波川変成岩が川沿いに広く露出する景勝地である。

● 長瀞の三波川変成岩（ジオパーク秩父）……8000～7000万年前 ➡ 12月25日～26日

国名勝　国天然　地質百選　埼玉県の石

国内の三波川変成帯の中でも大変露出がよく、歩きやすい岩畳を持つ埼玉県荒川沿いの長瀞は、観光客のほかにも多くの学校の観察場所がある。北長瀞駅そばには埼玉県立自然の博物館も存在する。宮沢賢治も訪れて、結晶片岩の模様を詠んだ詩「つくづくと　粋なもようの　博多帯　荒川岸の　片岩のいろ」を残した。

写真1-45　**長瀞の結晶片岩の岩畳**　結晶片岩は薄くはがれやすい性質を持っているため、そのはがれやすい面（片理面という）の傾斜が水平に近いことから。岩畳が発達している

写真1-46　**長瀞の「虎岩」**　スティルプノメレンという暗褐色の鉱物(埼玉県の鉱物)が多い部分と、方解石が多い部分が層をなし、横倒しになった横臥褶曲や伸びに直交する割れ目（方解石脈）が発達　埼玉県の鉱物

夫婦岩の三波川変成岩（伊勢市二見）……8000万年前 ➡ 12月25日　国名勝

写真1-47　**二見の夫婦岩**　二見興玉神社の境内には、新鮮な三波川変成岩の露頭が存在し、かつて宮沢賢治が採取した「伊勢二見」と書かれた緑色片岩の標本が、岩手大学農業教育資料館（旧盛岡高等農林学校本館）に展示されている（写真：伊勢市中村歯科クリニック 中村祐二）

3 中央構造線の発生 ……1億年前〜➡12月24日

中央構造線は、関東から九州中軸部まで延びる国内最長の断層の一つであり、全く異なった環境で形成されたと考えられる領家帯の岩石と三波川帯の岩石との境界をなす。中央構造線を境に北側を内帯、南側を外帯と呼んでいる。

内帯側は、紀伊半島西部〜四国では領家変成岩や花崗岩を不整合に覆う白亜紀後期の和泉層群が分布している。

一方、外帯側は中部地方では南に派生する赤石構造線の左ずれによって秩父帯が一部で分布し、紀伊半島中部では三波川帯の地下に延びていたと考えられる四万十帯が分布している。そのほか、四国西部の一部では、三波川変成岩を不整合に覆う新第三紀中新世の久万層群と接している。九州では東端の佐賀関半島と西端の天草下島や野母半島のみに三波川変成岩が見られ、その間は第四紀の火山に覆われていてよく分かっていない。

● 鹿塩マイロナイト（南アルプス〔中央構造線エリア〕ジオパーク）

……7000万年前➡12月26日

マイロナイトは、断層の地下深部で花崗岩や変成岩などが強く剪断変形した岩石である。写真のマイロナイトの変形前の原岩は、領家花崗岩の中でも最も古い非持（ひじ）トーナル岩。岩石の非対称組織から、左横ずれの運動が読み取れる。従ってマイロナイトは地下深部の断層そのものである。

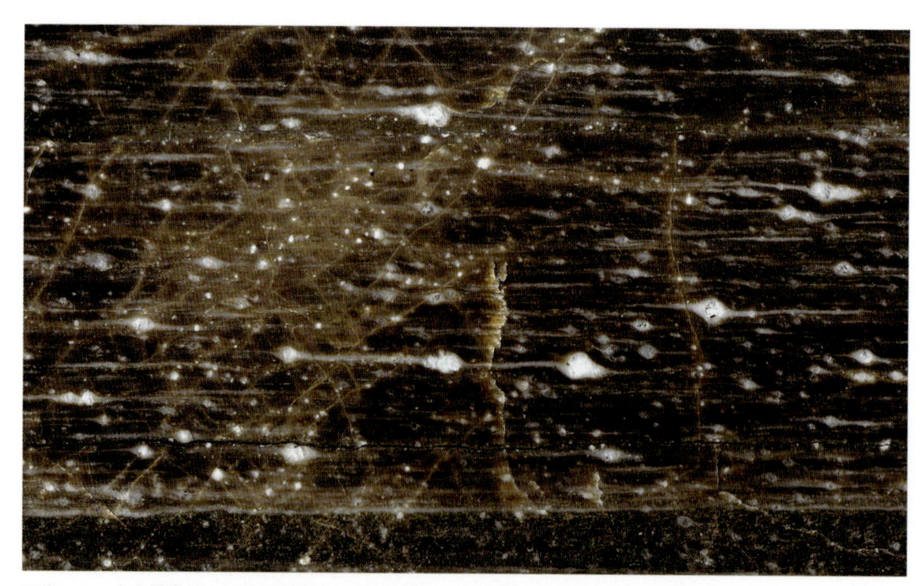

写真1-48 **中央構造線の活動の初期（7千万年前頃）に形成したマイロナイト**（縦7cm）

写真1-49 **青木川沿いの中央構造線安康露頭の破砕帯（長野県大鹿村）** 右側の黒いガウジ部分が中央構造線。1億年から最近までの多くの活動史が破砕帯の岩石に記録されている

● 中央構造線安康露頭（南アルプス〔中央構造線エリア〕ジオパーク）

国天然 地質百選

7000万年前までに地下深部でマイロナイトを形成した後に、マイロナイト帯のほぼ中心の断層のずれによって、領家帯と三波川帯が接するようになったのは、およそ6000万年前である。その後も、4000万年前、2000～1500万年前、1400～1000万年前、そして更新世後期以降の活断層などの活動が様々な地域で起こったことが、断層ガウジ（破砕によって生じた粘土物質）の年代測定から得られている。長野県の中央構造線のみから得られている2000～1500万年前の活動は日本海の拡大に引き続く伊豆弧の衝突と関連付けられており、中央構造線が南方で枝分かれしている赤石構造線の活動を重複して記録している。

大鹿村中央構造線博物館では、中央構造線北川露頭の見事な切り取り標本が展示されている。伊那市長谷でも、中央構造線の露頭が整備されている。

4 神居古潭変成岩 ……1.2～0.66億年前 ➡ 12月22日～ 26日 地質百選

国内における典型的な低温・高圧型変成帯である神居古潭（かむいこたん）変成帯は、北海道の空知―エゾ帯の東側に南北に細長く分布し、蛇紋岩を伴っている。

北海道旭川市の北西部、石狩川中流域の神居古潭（アイヌ語で神の住む場所の意）の峡谷には、高い圧力を特徴づける変成鉱物を伴う結晶片岩が分布している。変成作用の年代（白雲母のK–Ar年代）はユニットごとに異なるものの、全体としてはおよそ1億4500万年前～5000万年前まで幅広い値が得られており、白亜紀全体を通じて変成作用が継続していたことを示す。

写真1-50　**石狩川沿い、神居古潭峡谷の神居古潭変成岩（緑色片岩）とその褶曲**

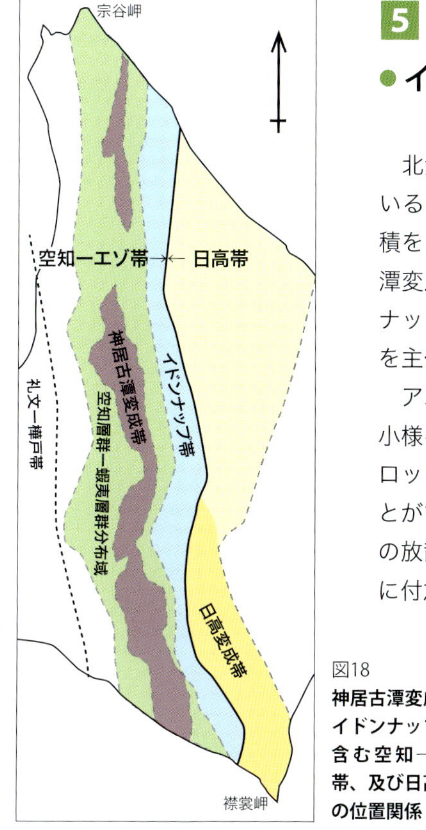

図18
神居古潭変成帯とイドンナップ帯を含む空知―エゾ帯、及び日高帯との位置関係

5 白亜紀付加体

● イドンナップ帯（アポイ岳ジオパーク）

……8000万年前 ➡ 12月25日

北海道は南北に延びる地帯が分布している（図2参照）が、その中でも広い面積を占める空知―エゾ帯の東側、神居古潭変成帯と日高変成帯の間には、イドンナップ帯と呼ばれる白亜紀のメランジュを主体とする地帯が分布する（図18）。

アポイ岳ジオパークでは、泥岩中に大小様々な石灰岩、緑色岩、チャートのブロックを、石灰岩鉱山跡地などで見ることができる。ブロックを取り巻く泥岩中の放散虫化石により、およそ８千万年前に付加したことが知られている。

写真1-51
アポイ岳ジオパーク新富エリアの松岡沢ジオサイト 石灰岩や砂岩のブロックが存在

写真1-52　**横浪メランジュの層状チャート**　1.35〜1.15億年前の放散虫化石が報告されている（写真：山口大学 坂口有人）

● 四万十帯：高知県横浪メランジュ

……**1.3〜0.7億年前** ➡ 12月21日〜26日

国天然

高知県の四万十川の名前を冠する四万十帯は、関東から沖縄までほぼ連続する地帯で、白亜紀に付加した北帯、主に古第三紀に付加した南帯に分けられている。高知県須崎市横浪周辺に発達する五色ノ浜の横浪メランジュは、高知県四万十町の興津メランジュとともに国の天然記念物に指定されている。

写真1-53
横浪メランジュの典型的な産状 砂岩のブロックが、泥岩基質中に取り込まれている（写真：山口大学 坂口有人）

● 四万十帯：赤石山脈（南アルプス）

長野県〜静岡県に跨る南アルプスは、主に四万十帯（北帯）の白亜紀付加体から構成されている。つまり、南アルプスを構成する地質は、一部の花崗岩を除くとかつては海底の堆積物であった。 南アルプスの最高峰、北岳（3,193m、日本百名山）周辺における高山植物の多様性は、写真のような付加体を特徴づける白亜紀以前の様々な種類の岩石によるジオの多様性に依存する。

写真1-54 **北岳周辺のチャート（手前）と石灰岩（白色部）及びその上方の緑色岩**
（写真：大鹿村中央構造線博物館 河本和朗）

6 白亜紀の地層と化石

顕生累代の中で約８千万年間という最も長い期間を持つ白亜紀には、多くの地層が沈み込み帯の海底に堆積している。白亜紀の特に後期は、地球は温暖な気候であり、海外の大きな油田も白亜紀につくられている。白亜紀の代表的な海の化石であるアンモナイト、イノセラムス、トリゴニアなどは、北海道から九州に至るまで広く存在する。そのいくつかを紹介しよう。

● 蝦夷層群のアンモナイト（三笠ジオパーク）

……1.2～0.8億年前 ➡ 12月22日～ 25日 北海道の化石

北海道の空知－エゾ帯に分布する蝦夷層群中のアンモナイトは、それを取り巻く非常に固い石灰質ノジュールによって変形や風化を受けにくいことから、世界的にも大変保存の良いことで知られており、地層の時代を細かく区分したり、当時の環境を推定するのに用いられている。三笠市立博物館には、最大直径1.3mのアンモナイトが展示されており、その迫力に圧倒される。

写真1-55　**三笠市立博物館の白亜紀蝦夷層群の直径1m前後の巨大アンモナイト**

写真1-56　**岩手県田野畑村羅賀（らが）、平井賀漁港北岸の前期白亜紀の宮古層群**（写真：岩手県立博物館研究協力員 大石雅之）

三陸地域の白亜紀の地層：宮古層群（三陸ジオパーク）

……**1.2～1.1億年前** ➡ 12月22日～ 23日

宮古層群は、岩手県田野畑村から宮古市にかけての海岸線に点在する前期白亜紀の浅い海に堆積した地層で、日本を代表する化石の産地としても知られている。国内初の恐竜の化石も岩泉町茂師から発見され、モシリュウと名付けられた。

三陸地域の白亜紀の地層：久慈層群の琥珀（三陸ジオパーク）

……**8600～8000万年前** ➡ 12月25日 地質百選

植物の樹脂の化石である琥珀（こはく）は、岩手県久慈市の後期白亜紀の久慈層群から産する。琥珀の中には樹脂に虫などが元の姿のまま閉じ込められていることがある。

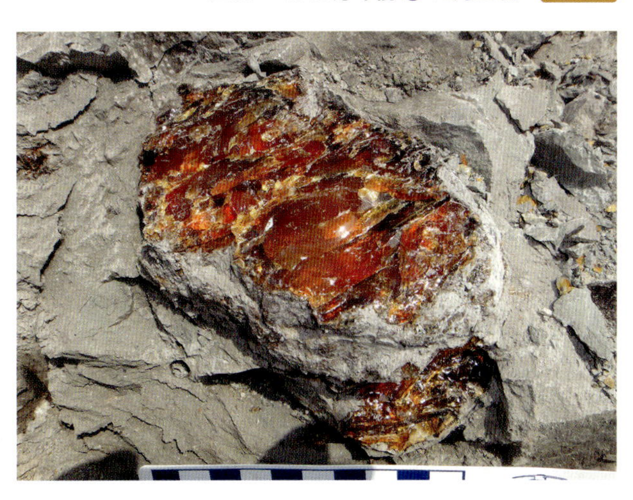

写真1-57
久慈層群の琥珀
（写真：久慈市ジオパーク研究員　佐々木和久）

● 恐竜の化石の宝庫：手取層群

（恐竜渓谷ふくい勝山ジオパーク、立山黒部ジオパーク）

……～1.2億年前 ➡ ～12月22日 **地質百選**

飛騨帯には、飛騨変成岩を不整合に覆って、ジュラ紀中期～白亜紀前期の手取層群が広く分布している。ジュラ紀中期まで海底で砂や泥が堆積していたが、ジュラ紀後期～白亜紀前期には内湾性または陸上の湖などの淡水性の堆積物が広く覆うようになった。そのため、恐竜の化石が近年手取層群上部層から数多く見つかっている。それらの化石は、勝山市にある福井県立恐竜博物館に展示されている。

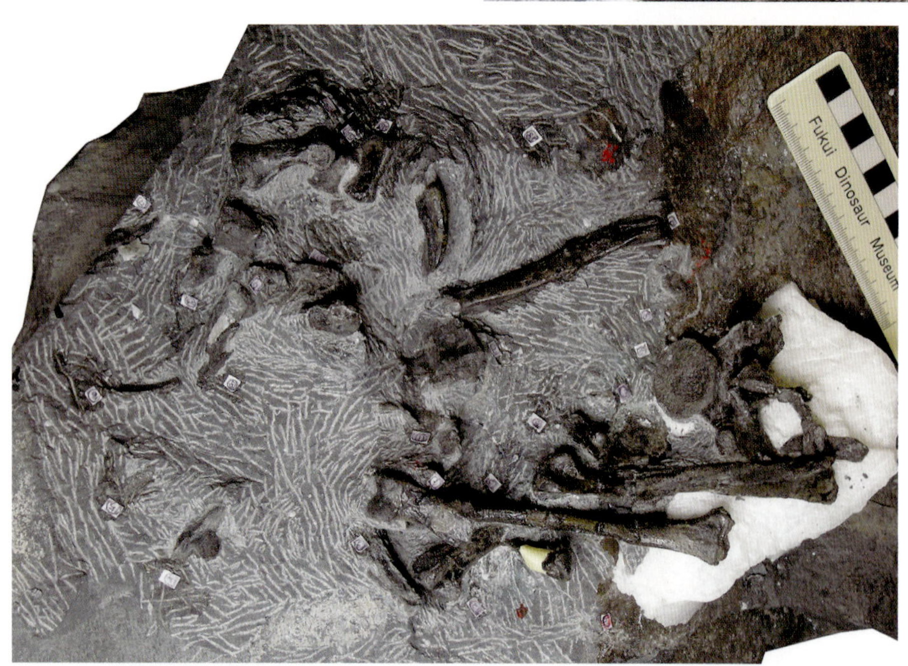

写真1-59　**手取層群赤岩亜層群北谷層より見つかった1.2億年前頃に生息していた小型肉食恐竜フクイベナートルの骨の化石**（写真：福井県立恐竜博物館）

写真1-58
恐竜渓谷ふくい勝山ジオパークの恐竜の足跡化石　レプリカが恐竜博物館に展示されている。スケールは50cm（写真：福井県立恐竜博物館）

写真1-60
立山黒部ジオパーク、手取層群中の大型肉食恐竜（獣脚類）の足跡
（写真：富山市科学博物館 藤田将人）

● 犬吠埼の前期白亜紀の地層（銚子ジオパーク）

……1.3～1.0億年前 ➡ 12月21日～24日 国天然 地質百選

千葉県の利根川河口に近い銚子には、千葉県では他に知られていない白亜紀以前の堆積岩が分布している。犬吠埼灯台付近の崖には灰白色の美しい地層（銚子層群：1.3～1.0億年前）の砂岩が露出している。この露頭では、ストームの環境を示すハンモック状斜交層理や漣痕（れんこん）（リップルマーク）などが観察できる。

写真1-61 **犬吠埼灯台そばの白亜紀銚子層群の地層**（写真：銚子ジオパーク推進市民の会）

写真1-62
銚子層群中の波浪時の堆積環境を示すハンモック状斜交層理

● 山中地溝帯の白亜紀の地層（ジオパーク秩父）

……1.3～0.9億年前 ➡ 12月21日～24日 地質百選

埼玉県秩父郡小鹿野町～群馬県神流町・上野村～長野県佐久町にかけて、白亜紀の海の地層（山中層群）が細長く分布しており、周囲のジュラ紀付加体の岩石と断層で接しているため、山中地溝帯と呼ばれている。志賀坂峠西方の神流町瀬林には、瀬林の漣痕と呼ばれている漣の痕が発達した砂岩層が認められる。その面上に、形は不明瞭であるが連続的な穴が存在しており、恐竜の足跡と考えられている。写真の上方にもやや深い穴が２つほど見られるが、足型は残っていない。この漣痕は断面が非対称の形をなすことから、見かけ上写真の上から下に向かって水流があったことが分かる。近くで、恐竜の背骨の化石も見つかっている。

写真1-63　**山中層群瀬林層に見られる瀬林の漣痕と恐竜の足跡**（群馬県神流町）

天草の白亜紀の地層（天草ジオパーク） ……9800万年前 ➡ 12月24日 地質百選

天草ジオパークでは、御所浦島（ごしょうらじま）を中心として多くの白亜紀の化石の産出が知られている。中には恐竜の歯や骨、足跡なども見つかっている。また、二枚貝の化石であるイノセラムスでは、アマクサエンシスやヒゴエンシス といった最初に見つかった場所にちなんだ名前の化石も知られている。

写真1-64 **天草ジオパーク、御所浦島の「白亜紀の壁」** 特徴的な色を示し、赤と緑灰色は河川の氾濫原、白色は河川、暗灰色は干潟にたまったことを示し、多くの恐竜化石が見つかっている
（写真：天草ジオパーク推進協議会）

横ずれ堆積盆としての和泉層群（徳島県鳴門市） ……7000万年前 ➡ 12月26日

紀伊半島中部〜四国にかけて、中央構造線の北側の領家帯に東西に細長く分布する後期白亜紀(8400〜6600万年前)の地層は、和泉層群と呼ばれる。和泉層群の大部分は砂岩・泥岩互層からなり、一部に礫岩を伴う。この細長い堆積盆地は、中央構造線の左横すべりに伴って北側が落ち込んで形成した。

鳴門に見られる和泉層群の中には、地層の面と斜交する逆断層が何枚も重なり合った、デュープレックス構造が存在する（写真1-66）。

写真1-65　**御所浦島から産出する後期白亜紀の化石**　左：国内最大級の肉食恐竜の歯の化石（熊本県の化石）欠損部分を復元すると10cm程度になり、体長10m級の肉食恐竜が日本にいた可能性を示す　右：イノセラムス（二枚貝、横径23cm）の化石（*Inoceramus higoensis*）（写真：天草市立御所浦白亜紀資料館）

写真1-66　**徳島県鳴門市、和泉層群の砂岩泥岩互層に発達するデュープレックス構造**（白枠部）

7. 日本列島の骨格形成 4

古第三紀（6600万年前〜2300万年前）

国内における古第三紀の地層は、西南日本外帯では四万十帯（南帯）が関東から沖縄まで存在する。そのほか、西南日本内帯や北海道を含む東北日本では、かつての国内のエネルギー資源を支えた石炭を含む地層が存在する。

1 古第三紀付加体：四万十帯（南帯）

● 宍喰の漣痕 ……4000〜3000万年前 ➡ 12月28日〜29日 国天然 地質百選

徳島県海部郡海陽町宍喰（ししくい）の漣痕は、表面の舌状（菱形）の模様が特徴的であり、波の凹凸が平行な漣痕とは異なる。古第三紀始新世〜漸新世の地層に形成されたものであり、水流によって海底にできたうねりの模様である。露頭では見かけ上、左下から右上に向かう流れが読み取れる。

写真1-67 **徳島県宍喰の漣痕**（写真：徳島県立博物館）

写真1-68　**和歌山県西牟婁郡すさみ町の海岸に見られるフェニックスの褶曲**

● フェニックスの褶曲（南紀熊野ジオパーク）…… 5000〜2500万年前 ➡ 12月28日〜30日

和歌山県西牟婁郡すさみ町の海岸（104頁、図20参照）で見られるこの褶曲は、四万十帯南帯牟婁層群の砂岩泥岩互層中に発達しており、フェニックスの褶曲と呼ばれている。海洋プレートの沈み込みに伴い付加した際に、砂岩と泥岩が固結する前に形成されたものと考えられている。国内の褶曲の中でも見事な露頭として、理科の教科書や「日本の地質構造百選」にも取り上げられている。

● 室戸岬のダイナミックな地層（室戸ジオパーク）

……2800～2000万年前 ➡ 12月29日～30日 国名勝

室戸岬周辺には、四万十帯南帯の砂岩泥岩互層が著しく変形した露頭が隆起した海岸に広がっている。その中には漣痕などの堆積構造のほか、地震時に液状化を伴って噴出した砂岩岩脈なども発達している。また、羽根岬周辺には、海底で生物が這い回った跡や巣穴などが残っている生痕化石が認められる。

写真1-69 **室戸市の四万十帯南帯の砂岩泥岩互層のダイナミックな変形**

写真1-70 **室戸、羽根岬の生痕化石**

猪鼻崎のソールマーク（フルートキャスト）

……3000〜2000万年前 ➡ 12月29日〜30日 国名勝 国天然

宮崎県日南市大堂津猪鼻崎周辺には古第三紀（漸新世〜中新世初期）の日南層群の砂岩の底面に見事なフルートキャスト（図19参照）が認められる。

写真1-71　**猪鼻崎の日南層群の砂岩の底面に発達するフルートキャスト**　堆積時の水流の方向（見かけ上写真の左下から右上の方向）が分かる（写真：山口大学 坂口有人）

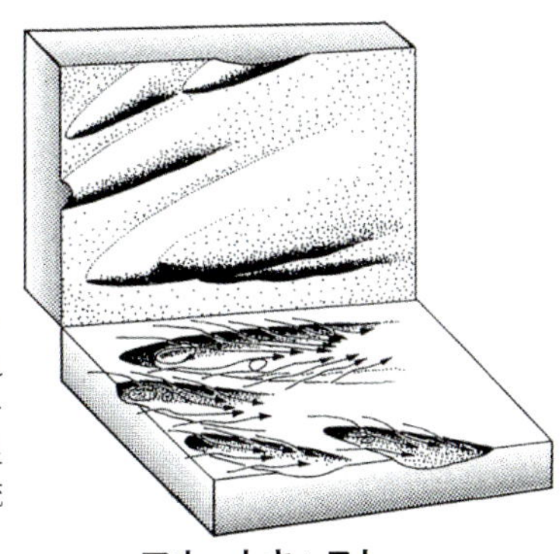

図19
フルートキャストのでき方　フルートキャストは海底の泥の上に水流による渦によってえぐれた凹みに砂が積もり、固結後砂岩の底面（ソール）に鋳型として出っ張りが残ったもの。彗星の尾のように開いた方向がかつての海底の水流の方向を示す（図：坂 幸恭, 1993より一部修正）

2 古第三紀の地層と石炭 ……5600〜3400万年前 ➡ 12月27日〜29日

日本列島に産する石炭は、主に古第三紀始新世の地層から産出する。この時代は温暖で植物が繁茂し、泥炭が積もっていた。それが埋没し、熟成して石炭となった。北海道の石狩炭田、福岡県の筑豊炭田などは国内の炭田の代表例である。現在大部分の炭鉱は閉山したが、北海道三笠市や美唄市では古第三紀始新世石狩層群中の石炭を露天掘りで採掘している鉱山が存在する。

● 三笠市の始新世石狩層群の石炭層（三笠ジオパーク）

写真1-72 **石狩炭田の石炭採掘現場**（砂子組の厚意により筆者撮影）

● 夕張市の始新世石狩層群の石炭層 地質百選 北海道天然

右頁の厚い石炭層は、日本で初めて地質図（北海道）を発行したライマンの助手で北海道庁の技師、坂市太郎により1888年（明治21年）に発見され、北海道開発に多大な貢献をした石炭産業の記念物として価値の高いものである。石炭層は３層からなり、合わせて24尺層（7.2m）と呼ばれている。

天草の海底採鉱跡（天草ジオパーク）

写真1-73は、明治30年に操業を開始した牛深炭鉱烏帽子坑跡である。良質な石炭が採掘され、天草の石炭産業を象徴する遺構となっている。

写真1-73　**牛深炭鉱烏帽子坑跡**

写真1-74　**夕張市の石炭の大露頭**（写真：夕張市町づくり企画課）

写真1-75　**下仁田町東部大橋から望むナップ構造の地形**　左より白亜紀の跡倉層から構成される大崩山、白亜紀前期花崗岩類・大理石から構成される四ツ又山、ペルム紀石英閃緑岩とホルンフェルスから構成される川井山。これらの岩体が、ほとんど水平に近い断層で御荷鉾緑色岩（鏑川の河原に分布）の上に乗って、ナップ構造を構成している

3 古第三紀の変動 ―下仁田のナップ構造（下仁田ジオパーク） 地質百選

古第三紀の変動の記録について、群馬県甘楽(かんら)郡(ぐん)下仁田町で見学できる例を一つ紹介しよう。白亜紀の海の堆積物である跡倉層は、大規模な横臥褶曲（横倒しになった褶曲）や、水平に近い断層によって岩盤が押し被さったナップ構造が発達している。その形成は、後期白亜紀～古第三紀と考えられている。水平に近い断層の上のナップの部分が侵食によって山の上だけに孤立して分布する場合、その部分をクリッペ、逆に断層の下の部分が川底の低い部分に孤立して分布する場合、その下の部分はウインドウまたはフェンスター（和訳は地窓）と呼ばれる。日本の地質百選では、「跡倉クリッペ」として紹介されている。

写真1-76　**御荷鉾緑色岩の上に、低角度断層（跡倉押し被せ断層）でナップとして乗っている白亜系跡倉層**
跡倉ナップの運動方向は、白亜紀後期〜古第三紀の間に、上盤南→上盤西→上盤北の断層運動方向の変化が知られている

写真1-77　**地層の逆転の証拠となる堆積構造（宮室断層西側の逆転層の露頭）**
左：級化層理、右：フルートキャスト
砂岩の底面についているフルートキャスト（図19）が太陽光を浴びていることに注意

4 古第三紀の火成作用 ……5600～3400万年前 ➡ 12月27日～29日

白亜紀には大量の花崗岩や流紋岩などが生成したが、その生成は古第三紀初頭に入っても、地域によって継続していた。その例を２つ取り上げよう。

● 浦富海岸（山陰海岸ジオパーク）……6000万年前 ➡ 12月27日 国名勝 国天然 地質百選

西南日本の白亜紀～古第三紀花崗岩類は、領家帯・山陽帯・山陰帯と区分されている。そのうち山陰帯の花崗岩類の多くは古第三紀に当時陸続きだった大陸の地下で生成したもので、前二者と異なる点として、花崗岩中に磁鉄鉱を含むことがある。そのため、花崗岩が風化・侵食されてできた砂浜には、出雲や萩など、純度の高い砂鉄を多く含む場所が知られている。鳥取県岩美郡岩美町にある浦富（うらどめ）海岸は、山陰花崗岩からなる岩肌が美しい国の名勝・天然記念物である。

写真1-78 **浦富海岸の古第三紀花崗岩**（写真：鳥取県）

● 浄土ヶ浜（三陸ジオパーク）……5200万年前 ➡ 12月27日 国名勝 地質百選

白亜紀には花崗岩類だけではなく火山岩類も国内各地で生成しているが、白亜紀に引き続き古第三紀に入っても、火山岩類は各地で貫入・噴出している。

観光名所として有名な岩手県宮古市の浄土ヶ浜は、古第三紀始新世（5200万年前）に貫入した流紋岩から構成され、粘性の高いマグマがお供え餅状に持ち上がったラコリスと呼ばれる形をなし、波の侵食によってその一部が半島状になったものである。流紋岩の露頭では、マグマが流れた模様である流理構造や、マグマの冷却時に収縮してできた板状節理を観察することができる。写真手前の浜も流紋岩の礫浜となっている。宮沢賢治は1917年7月にここを訪れ、「うるはしの海のビロード昆布らは 寂光のはまに 敷かれひかりぬ」という歌を詠んでいる。

写真1-79　**岩手県宮古市浄土ヶ浜の古第三紀流紋岩**

5 千島弧の衝突と日高変成岩（古第三紀から新第三紀へ）

●幌満かんらん岩体（アポイ岳ジオパーク） 地質百選 北海道の石

北海道の中軸部を南北に延びる日高変成帯の西端には、上部マントルで形成したかんらん岩体が細長く点在している。地下深部で形成されたかんらん岩が露出している理由としては、1700万年前頃の東北日本弧（ユーラシアプレート）に対する千島弧（北アメリカプレート）の衝突により、大陸地殻がのし上がりながら横倒しになることにより、かんらん岩がマントル最上部から引き剥がされ、最も西側に分布するようになったと考えられている。

北海道の南端部、高山植物で有名なアポイ岳〜ピンネシリにかけての峰々（写真1-81）は、上部マントルで生成したかんらん岩が広く分布しており、幌満かんらん岩と呼ばれている。新鮮なかんらん岩の存在は世界的にも大変貴重であり、マントルにおける玄武岩マグマの発生と上昇のプロセスや、重いマントル物質の上昇プロセスなどの研究が進められている。

写真1-80
アポイ岳北方尾根の層をなすかんらん岩 灰色の部分は上部マントルで発生したマグマが移動・固結したはんれい岩の層
（写真：様似町アポイ岳ジオパーク推進協議会）

写真1-81
かんらん岩からなるアポイ岳（右端）〜ピンネシリ（左端）の峰々　エンルム岬より（写真：様似町アポイ岳ジオパーク推進協議会）

写真1-82
幌満かんらん岩の研磨面　主な鉱物は、緑色：単斜輝石、緑褐色：斜方輝石、輝石をとりまくオリーブ色：かんらん石の集合体、である。かんらん岩の組織は、上部マントルから地殻への上昇の時の運動を記録している。縦8cm、様似町役場前の「アポイの鼓動」の試料

● 日高変成岩（新第三紀の変成岩） ……2300～1700万年前 ➡ 12月30日

日高変成帯は花崗岩類を伴う高温・低圧型変成帯で、その生成の時期は新生代古第三紀～新第三紀である。86頁に述べたように、日高変成帯を西から東に移動するにつれて、横倒しになった大陸地殻の深部から浅部の変成岩を見ることができる。

最深部の変成岩はグラニュライトと呼ばれる800℃に達する温度で変成されたものであり、輝石やざくろ石を含むのが特徴である。その上位は片麻岩～片岩、さらに浅い部分（東部）ではホルンフェルスとなって後期白亜紀の堆積岩である中の川層群に続いている。日高変成岩の形成時期については、数多くの年代測定がなされており、火成活動の年代として5000～3700万年前頃の古第三紀の年代が知られているが、多くの変成岩やそれに伴う火成岩の年代は、およそ2300～1700万年前という前期中新世の値が得られている。

島弧の横倒しの原因となった千島弧の衝突に伴う隆起の時期は、おおよそ1700万年前前後が想定されており、次章に述べる日本海の拡大時期と重なる。

写真1-83　**北海道浦河町メナシュンベツ川に由来する日高変成岩**（ざくろ石を含む片麻岩、縦幅9cm）　様似町役場前の岩石広場（アポイの鼓動）の試料

第2章

日本列島の成り立ち

日本海が拡大し列島となった頃

2000～1500万年前に日本海が開き、日本列島が誕生した。その時に東北日本と西南日本がそれぞれ回転し、間にフォッサマグナの大地溝帯が形成した。その時代には日本海やフォッサマグナなどで多くの海底火山活動が発生していた。

写真：日本海拡大の後に海底に噴出した
枕状溶岩：佐渡ジオパーク、潜岩

1. 日本海の拡大

新第三紀 前期～中期中新世（2000万年前～1500万年前）

第１章までは、日本がかつてのアジア大陸の東縁部につぎつぎと海の堆積物が付加して成長した時代であったが、日本海が開き、列島となった時代はおよそ2000～1500万年前とされている。

その日本海の拡大は、大陸縁辺部における地溝帯（リフト帯）の形成から始まり、次第に海水が浸入して大陸と分離、日本海が形成された。日本海の拡大に伴い、多量の海底火山岩が噴出した。それらは変質に伴いしばしば緑色を帯びるため、グリーンタフと呼ばれている。グリーンタフは主に東北地方の脊梁より日本海側、山陰の海岸沿いおよびフォッサマグナ地域、北海道北東部などに分布し、海底熱水鉱床として重要な黒鉱を伴う。

1 日本海拡大時の火山岩類とグリーンタフ

● 山陰海岸の火山岩類ー今子浦（山陰海岸ジオパーク） 地質百選

山陰海岸ジオパークでは、日本海の拡大初期の2100～1800万年前の岩石が各地で観察できる。ここでは、1800万年前頃の地層と火山岩類を紹介する。

写真2-1　**今子浦のかえる島（安山岩の岩脈）と千畳敷の火砕流堆積物（豊岡層）**
（写真：山陰海岸ジオパーク推進協議会）

山陰海岸の火山岩類ー香住海岸（山陰海岸ジオパーク） 国名勝

写真2-2　**鷹の巣島（インディアン島）のデイサイト質火山岩**　近くの鎧の袖と同様の柱状節理が発達している。他の地域のデイサイトでは、1800～1700万年前の年代が得られている

出雲市日御碕（ひのみさき）の火山岩類（島根半島・宍道湖中海ジオパーク）

写真2-3　**1600万年前に流出した流紋岩の柱状節理と出雲日御碕灯台（日本一の高さを誇る石造灯台）**

エンルム岬のひん岩岩脈（アポイ岳ジオパーク）……1650万年前

北海道様似町の海岸では、蝦夷層群を貫いて、中新世のひん岩の岩脈がいくつかの岬や島をつくっている。それらの配列は概ね北西一南東方向で、当時の太平洋プレートの運動がもたらす圧縮方向とだいたい一致する。エンルム岬では、ほぼ垂直の板状節理が発達した細粒な黒雲母ひん岩を観察することができる。

写真2-4　**様似町エンルム岬のひん岩岩脈**

天草の陶石の流紋岩（天草ジオパーク）……1500万年前

天草の陶石は、流紋岩が風化して真っ白になったものである。国内生産の陶石の半数以上を占め、有田焼など多くの陶磁器に利用されている。

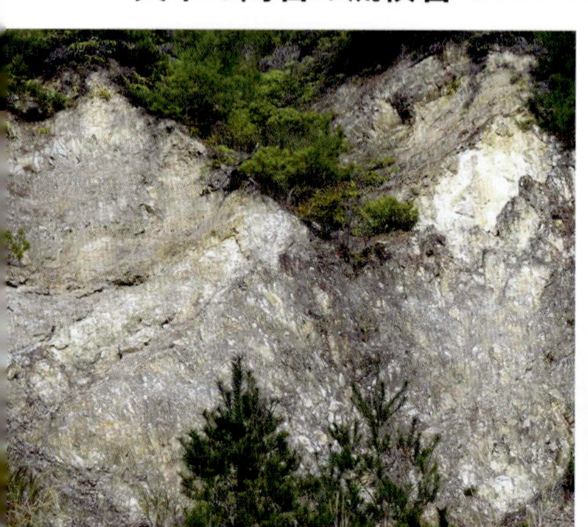

写真2-5
天草下島西部に分布する天草陶石の採石場（左）と陶石（右、幅15cm）
（写真：天草ジオパーク推進協議会）

写真2-6　**仏ヶ浦の凝灰岩の侵食地形**（写真：下北ジオパーク推進協議会）

● 仏ヶ浦（下北ジオパーク）……1500万年前　国名勝　国天然　地質百選

下北半島の仏ヶ浦は、海底火山活動によって形成した流紋岩質凝灰角礫岩から構成され、雨風や波の侵食によって、独特の景観を持つようになった。

袋田の滝の水中火砕岩 ……1500万年前 国名勝

茨城県久慈郡大子町の袋田の滝は、久慈川支流の滝川の上流に存在し、４段の滝で構成されている。冬は凍結して氷瀑となることでも有名である。滝を構成する岩石は、1500万年前頃に海底で噴出した角礫を含む火山角礫岩であり、奥久慈の男体山は、同じ岩石で構成されている。このような火山角礫岩は侵食に強いことから滝をつくりやすく、また岩肌がごつごつしていることから白いしぶきをつくるので、袋田の滝は国内で最も人気のある滝の一つとなっている。

写真2-7　**袋田の滝の壁面を構成する火山角礫岩**

佐渡島小木海岸の玄武岩類（佐渡ジオパーク）……1400～1300万年前

国名勝　国天然　地質百選

佐渡島南西端の小木海岸に分布する玄武岩類の最下部層は、神子岩にみられるようなかんらん石に富むピクライト質玄武岩で、柱状節理と板状節理の組み合わせが見事である。その上位に分布する玄武岩には、海底で噴出した証拠となる枕状溶岩の構造が潜岩で観察できる。その模様からキリン岩とも呼ばれている。

写真2-8　**佐渡島、潜岩の枕状溶岩**　海底に噴出した溶岩は、表面は急冷されるがその内部は溶けているため、ちぎれて枕のように積み重なる。その時下の隙間に垂れ下がる形をなすことから、当時の上下の方向が分かる（写真：伊藤ヨシユキ）

写真2-9　**佐渡島、神子岩のピクライト質玄武岩**（写真：佐渡ジオパーク推進協議会）

● グリーンタフ地域の硬質頁岩と石油（女川層）

（男鹿半島・大潟ジオパーク、鳥海山・飛島ジオパーク）

……**1400～1200万年前** ➡ 12月30日 秋田県の石

グリーンタフ地域の標準的な層序は、男鹿半島周辺で確立されている。なかでも女川層は、国内の石油を含む地層としても研究が進められてきた。女川層を特徴付ける層状硬質頁岩（けつがん）（ハードシェール）はポーセラナイトとも呼ばれる珪質な岩石で、二酸化ケイ素の殻をもつ珪藻が埋没して固まったものである。なお、国内の石油は新第三紀中新世の地層に認められるが、世界的な巨大油田地帯の多くは、地球史でも特筆すべき温暖な時代であった白亜紀に形成したものである。

写真2-10　**男鹿半島南岸、鵜ノ崎海岸で、春先の干潮時に表れる女川層の褶曲**（写真：渡部 晟）

写真2-11　**女川層の層状ポーセラナイト**　秋田県由利本荘市久保田川沿いの中新世の石油の貯留岩：鳥海山・飛島ジオパーク（写真：辻 隆司）

● 大谷石（栃木県）……1400〜1300万年前　地質百選　栃木県の石

大谷石は栃木県宇都宮市大谷町付近一帯から採掘されるグリーンタフの一種で、淡い緑色を帯びた多孔質の流紋岩質軽石凝灰岩である。軽くて加工しやすいことから、6〜7世紀から石材として使用されてきた。外壁や土蔵などの建材として最も広く使われている。大谷資料館では、地下採掘現場跡を見学できる。

写真2-12　**大谷石の地下採掘場**（写真：大谷資料館）

2 フォッサマグナと糸魚川―静岡構造線の形成

（糸魚川ジオパーク）…… 約1500万年前 地質百選

日本に近代的地質学をもたらしたドイツの鉱山技師エドムンド・ナウマンが名付けたフォッサマグナとは、巨大な溝（大地溝帯）のことである。日本海の拡大とともに、西南日本と東北日本の間にできた溝で、基盤の岩石の上に新第三紀～第四紀の堆積物や火山岩が埋没している。

この大地溝帯の西側を境とする断層が、糸魚川―静岡構造線であり、本州を横断する。近年は、北アメリカプレートとユーラシアプレートの境界として位置付けられている。フォッサマグナの東縁の断層は、研究者により異なる解釈が与えられているが、ほぼ利根川沿いに延びていると考えられている。フォッサマグナやヒスイ（34頁）の詳細は、糸魚川市フォッサマグナミュージアムで学ぶことができる。

写真2-13
糸魚川市フォッサマグナパークの糸魚川―静岡構造線の露頭 およそ3億年前の変はんれい岩（写真左側）と、1600万年前の安山岩（写真右側）との境界をなす

3 中央構造線の再活動 ……1500～1400万年前

● 砥部衝上断層（愛媛県伊予郡砥部町） 国天然 地質百選

日本海の拡大が終わりかけた頃に、強い圧縮の力が働き、四国西部の中央構造線は北傾斜の逆断層運動が発生した。愛媛県砥部町に見られるこの断層は砥部衝上断層（とべしょうじょうだんそう）と呼ばれる。下盤（したばん）側が中新世久万層群の礫岩層、上盤（うわばん）は後期白亜紀の和泉層群が乗っている。ただし、写真中の褐色部は、久万層群の下に存在していた三波川変成岩の石灰質片岩が、和泉層群の衝上運動によって挟み込まれて上昇したものであり、火成岩岩脈ではない。

この破砕帯の構造をよく見ると、逆断層運動の後に、正断層運動の証拠が認められる。久万層群の堆積は1700～1600万年前、砥部衝上運動はおよそ1500万年前、その後の正断層運動は、破砕帯の年代測定から、1400～1300万年前と考えられている。この正断層運動の時期は、後述する瀬戸内火山群の火山活動とリンクしていた。日本海拡大の末期には、大変忙しい断層運動のイベントが、この露頭に記録されている。

写真2-14 **愛媛県砥部町、砥部衝上断層の露頭**

4 中新世の海 …… 2200〜1500万年前

● 古秩父湾の地層（ジオパーク秩父）…… 1700〜1500万年前 国天然 地質百選

日本海が拡大した中新世の時期は、日本列島は多くの陸地が海底に存在していた。例えば、山に囲まれた標高約240mの秩父盆地も、中新世には古秩父湾と呼ばれている浅い海の堆積物が積もっていた。そこでは、パレオパラドキシアなどの哺乳類の化石や、二枚貝、カニの化石などが産出している。

写真2-15 **ようばけ** はけとは崖のこと。夕陽が当たって赤く染まる小鹿野町のシンボル的な崖。中新世小鹿野町層上部、カニの化石などを産し、近くのおがの化石館で見学できる

写真2-16
カニの化石
（横幅10cm、写真：おがの化石館）

写真2-17　**1500万年前の哺乳類化石パレオパラドキシア復元骨格**　国特天然　埼玉県の化石
左側：般若標本、右側：大野原標本（埼玉県立自然の博物館所蔵）

写真2-18　**藤六のスランプ褶曲**　秩父盆地の地層には、海底地すべりの跡（スランプ褶曲）が認められる

写真2-19　**化石を含む瑞浪層群の地層**（写真：瑞浪市化石博物館）

瑞波層群（岐阜県瑞浪市）……2200〜1500万年前　地質百選　岐阜県天然

中新世前期から中期にかけての時期に、主に東濃地方を中心に広い範囲で海の地層が形成された。それらをまとめて瑞浪層群と呼ぶ。瑞浪層群の化石は、瑞浪市化石博物館で見学することができる。

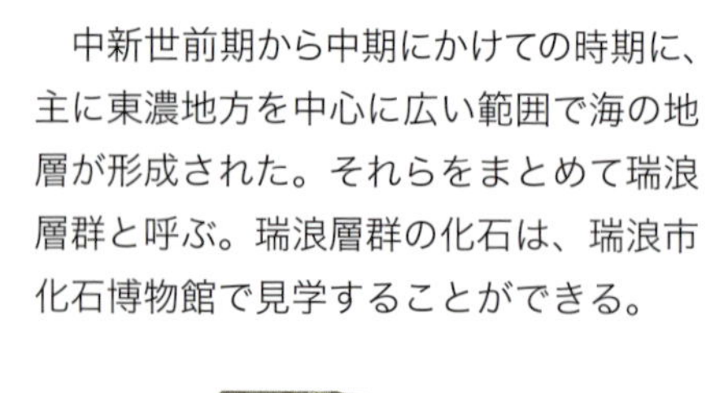

写真2-20
日本海が開く頃の瑞浪の化石
左：ウソシジミとカガミガイ、ブロック幅35cm
右：ビカリア、ブロック幅16cm
（写真：瑞浪市化石博物館）

● 須佐ホルンフェルス（山口県萩市）……1650万年前 地質百選

見事な縞模様が発達する地層として有名な須佐ホルンフェルスは、日本海が開きつつある1650万年前頃に海底に堆積した砂岩泥岩互層（須佐層群）が、日本海拡大後の1400万年前に貫入したはんれい岩の熱により、接触変成作用を受けたものである。中新世の砂岩泥岩互層は通常侵食にそれほど強くはないが、ホルンフェルスとなったことにより侵食に強くなり、垂直に近い崖をつくっている。白黒の縞模様がこれほど明瞭な地層は、国内随一であろう。

写真2-21　**須佐ホルンフェルス**（写真：萩ジオパーク構想推進協議会）

2. 日本海の拡大以降

新第三紀 中期中新世～鮮新世（1500万年前～258万年前）

1 西南日本外帯の火山岩類・花崗岩類

●古座川の一枚岩・串本町の橋杭岩（南紀熊野ジオパーク）

……1500～1400万年前 国天然 地質百選 和歌山県の石

紀伊半島南端の熊野地域では、三重県の石に指定されている熊野酸性岩と呼ばれている花崗斑岩の貫入岩体の南に、細長い環状の岩脈が見事に続いている（図20）。なぜ円弧を描いているかと言うと1500～1400万年前に形成した巨大なカルデラの地下のマグマの通り道が、侵食によって現れているからである。そのようなカルデラの地下の痕跡をコールドロンと呼ぶ。

古座川の一枚岩は侵食に強い流紋岩質凝灰岩からなり、牡丹岩（写真3-74）などと共にその岩脈の一部を構成している。

また、国の名勝でもある橋杭岩は、環状岩脈と直交する南北に発達した岩脈群の一つで、環状岩脈と同時に形成された。有名な那智の滝の壁面は、侵食に強い熊野酸性岩（主に花崗斑岩）である。

図20 **熊野カルデラの痕跡：熊野酸性岩と環状岩脈** 地質図：産業技術総合研究所地質調査総合センター

写真2-22　**和歌山県東牟婁郡古座川町、古座川の一枚岩**

写真2-23　**和歌山県東牟婁郡串本町、橋杭岩** 国名勝　流紋岩岩脈が周囲の地層より侵食に強いため、屏風状に一列に岩が配列した。その右側の岩塊群は、津波石の可能性が検討されている（写真：裏表紙とも南紀熊野ジオパーク推進協議会）

西南日本内帯には主に白亜紀〜古第三紀の花崗岩が広く露出しているのに対し、西南日本外帯には典型的な花崗岩類の分布は少ないものの、局所的に存在する。それらは日本海の拡大の最後またはその直後に貫入したものが多く、それぞれの地域で独特の景観をつくっている。外帯の花崗岩の例を挙げてみよう。

写真2-24　**足摺岬先端部の花崗岩類**（写真：土佐清水ジオパーク推進協議会 長谷川 航）

● 足摺岬の花崗岩（ラパキビ花崗岩）　……1400万年前　高知県の石

足摺岬の花崗岩には、ピンク色のカリ長石の周りを斜長石が取り巻く組織が認められ、アルカリ成分が多く、国内唯一のラパキビ花崗岩の特徴を持つ。

写真2-25
足摺岬のラパキビ花崗岩（縦7cm、写真：土佐清水ジオパーク推進協議会 長谷川 航）

写真2-26　**屋久島永田岳（1,886m）の花崗岩とシャクナゲ**（写真：屋久島町商工観光課）

屋久島の斑状花崗岩 ……1400万年前 地質百選

屋久島は古第三紀の四万十帯南帯の地層を基盤とし、その中心部に花崗岩が貫入したてできた主に花崗岩の島である。標高1936mの宮之浦岳は、九州の最高峰である。隣りの種子島には花崗岩が無いため、平坦な地形をつくっている。

写真2-27
カリ長石の斑晶が大きな屋久島の花崗岩　結晶の配列の方向は、マグマの流動方向を示す（写真：筑波大学 安間 了）

● 甲斐駒ヶ岳の花崗岩（山梨県～長野県）……1400万年前

南アルプスは四万十帯北帯の白亜紀付加体から構成されるが、その付加体に貫入した中新世（約1400万年前）の花崗岩が、日本百名山の甲斐駒ヶ岳や鳳凰山に知られており、白い山肌が特徴的である。

写真2-28　**長野県側（仙丈ヶ岳側）から望む甲斐駒ヶ岳（2,967m、日本百名山）の雄姿**　白い花崗岩の岩肌が特徴。周囲の四万十帯の堆積岩は花崗岩の熱によってホルンフェルスとなっている

写真2-29　**瑞牆山（2,230m、日本百名山）の花崗岩岩峰群**（写真：北杜市観光課）

写真2-30　**昇仙峡の代表的景観、覚円峰の花崗岩岩峰**

瑞牆山と昇仙峡の花崗岩類（甲府花崗岩体）……1400～1300万年前

地質百選　国特別名勝

秩父山地の最高峰甲武信ヶ岳より、その西側国師ヶ岳、金峰山（きんぷさん）、瑞牆山（みずがきやま）に至る一帯は、甲府花崗岩と呼ばれている花崗岩から構成されている。特に瑞牆山や金峰山南方の国の特別名勝である昇仙峡は、花崗岩の岩峰が見事である。昇仙峡の北方には水晶の鉱山が存在する。

写真2-31
山梨県の名産品の水晶
（長さ数cm、写真：甲府市観光課）

2 1400万年前の大規模酸性岩（瀬戸内火山岩類）

西南日本外帯の花崗岩類が貫入した1400万年前頃には、中央構造線付近の西南日本中軸部でも大規模な火山活動が起こった。日本海が拡大した直後に、できたての温度が高いフィリピン海プレートが沈み込んで大量のマグマを発生したものと考えられている。

それらは瀬戸内火山岩類と呼ばれており、四国では石鎚山、屋島、近畿では二上山や室生火山群、中部では長篠の鳳来寺山などが有名である。ここでは、四国から中部に至る4つの火山を紹介しよう。

● 石鎚山

愛媛県西条市—久万高原町の境界にそびえ立つ石鎚山（日本百名山）は、1400万年前に噴出した安山岩から構成され、その南部の面河渓（おもごけい）を中心とする直径約8 kmの環状のカルデラを形成していた。約２万年前の最終氷期に凍結—融解を繰り返し、侵食されやすい岩肌を形成したと考えられている。

写真2-32　**1400万年前に噴出した四国の名峰、石鎚山の天狗岳（1,982m）**（写真：久万高原町観光協会）

屋島とサヌカイト 国天然 地質百選 香川県の石

香川県の屋島は、領家帯の白亜紀の花崗岩をマグマが貫いて、安山岩溶岩が平らに流出した。この安山岩は讃岐岩質安山岩（サヌキトイド）と呼ばれ、細粒で硬いために侵食に強く、上部が平坦なメサ地形をつくった。

この安山岩は古銅輝石という鉱物を含み、特に細粒で緻密の讃岐岩（サヌカイト）は、叩くとキーンという良い音を発するため、楽器としても使われている。

写真2-33　**頂上部が平らなメサ地形を持つ屋島**（写真：扇誉亭　馬場信行）

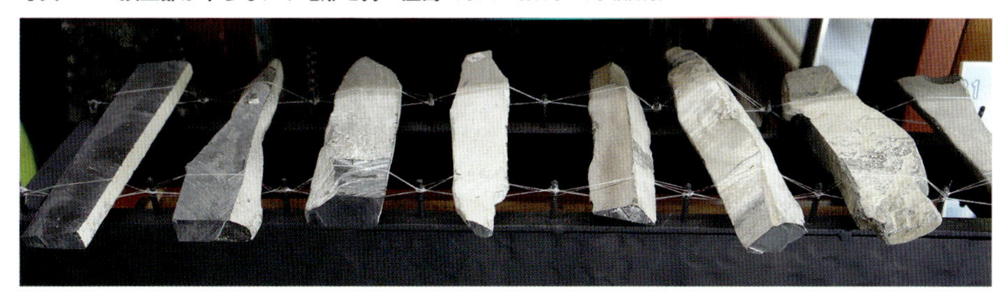

写真2-34　**楽器としても使われているサヌカイト**　サヌカイトの中でも特に叩くと音の良いものは、蓮光寺山などに産出（写真：扇誉亭　馬場信行）

写真2-35
鳳来寺山（写真：鳳来寺山自然科学博物館　加藤貞亨）

写真2-36
湯谷温泉の岩脈（馬背岩）
貫入面に直交する割れ目は、冷却に伴う節理（写真：鳳来寺山自然科学博物館）

鳳来寺山と馬背岩 …… 1400万年前 ➡ 12月30日

国名勝　国天然　地質百選　愛知県の石

古くから信仰の対象である愛知県新城市の鳳来寺山（684m）の主な山体は、松脂岩（ピッチストーン）と呼ばれる水を含んだガラス質の火山岩からなる特徴がある。鳳来寺山の東部、湯谷温泉付近には多数の南北に伸びる岩脈が存在し、宇連川沿いの馬背岩もその一つである。そばには、鳳来寺山自然科学博物館がある。

二上山（奈良県〜大阪府）……1300万年前 奈良県の鉱物

二上山は、奈良県葛城市と大阪府南河内郡太子町にまたがり、雄山（514m）と雌山の２つのピークを持つ。奈良県の鉱物に指定されているざくろ石を含む流紋岩から構成され、侵食されて川に堆積したざくろ石の砂粒は、江戸時代より研磨材としてたびたび使われている。

流紋岩が侵食・堆積した川砂には、ざくろ石の他にコランダム、珪線石（けいせんせき）、紅柱石（こうちゅうせき）といった珍しい鉱物も含まれている。

写真2-37
奈良県二上山、どんづる峯（上写真）のざくろ石（下写真、径2〜3mm**）を含む流紋岩**
（写真：香芝市教育委員会　奥田 昇）

3 中期〜後期中新世の火山岩類 ➡ 12月30日〜31日

本書で紹介している見事な柱状節理としては、玄武岩（玄武洞、七ツ釜、城ヶ崎海岸）や溶結凝灰岩（阿蘇４火砕流堆積物、層雲峡の大雪火砕流堆積物）がある。ここでは中期〜後期中新世の安山岩の柱状節理として、福井県東尋坊、秋田県八峰町椿海岸、新潟県田代の七ツ釜の３地域を紹介する。

中新世後期以降、すなわち1200万年前以降の年代は、地球暦では大晦日の12月31日のイベントとなることから、以降は大晦日の日の時刻を示すことにする。

● 東尋坊の安山岩類 ……1300〜1200万年前 ➡ 〜午前１時頃

国名勝 国天然 地質百選

写真2-38 **東尋坊（福井県坂井市）の安山岩の柱状節理**（写真：福井県観光連盟）

● 田代の七ツ釜の安山岩（苗場山麓ジオパーク）

……700〜500万年前 ➡ 10時〜14時頃 国名勝 国天然

新潟県十日町市田代の七ツ釜の安山岩と柱状節理は、1995年の土砂災害により滝全体が崩壊したため復旧がなされ、1997年秋に全国初の擬岩による砂防ダムが完成し、崩壊前の滝に近い景観が復元されている。

写真2-39　**七ツ釜の安山岩柱状節理と砂防堰堤**（写真：苗場山麓ジオパーク振興協議会）

写真2-40　**白神山地西麓、秋田県八峰町の椿海岸に発達する安山岩の柱状節理**

● 秋田県八峰町椿海岸柱状節理群（八峰白神ジオパーク）

……1000〜300万年前 ➡ 5時〜18時頃 秋田県天然

柱状節理は水平に広がった溶岩が冷却時に水平方向に収縮するため、鉛直にできることが多いが、椿海岸では鉛直だけではなく、水平方向や斜めの柱も認められる。岩体は素波里（すばり）安山岩と呼ばれ、長さ約94m、幅約16mの露頭である。

写真2-41　**隠岐島前、知夫里島の赤壁の火砕丘**（表紙とも写真：隠岐ジオパークツアーデスク）

● 隠岐島前カルデラの火砕丘（隠岐ジオパーク）……～500万年前 ➡ ～14時頃

国名勝　国天然　地質百選

隠岐島前(どうぜん)は、中央火口丘と外輪山が島をなすカルデラを構成し、その形成は古く、日本海が開いた後のおよそ500万年前以前である。写真のカルデラ南部、知夫里島(ちぶりじま)の赤い壁（海食崖）を構成する岩石は、玄武岩質の溶岩のしぶきの中に含まれる鉄分が高温のまま空気に触れ酸化したために赤くなったもので、もともとこの場所にあった火砕丘の断面が現れたものである。その形成年代はおよそ630～530万年前で、島前カルデラ形成の前半期（外輪山下部）に相当する。中央縦の白い部分は、後から貫いた粗面岩という火山岩。

4 後期中新世～鮮新世の地層

● 三浦半島の三浦層群 ……1000～400万年前 ➡ 5時～16時頃

後期中新世から鮮新世にかけての関東地方の沖合では、火山活動が活発であり、海底の堆積物中には火山噴出物が非常に多かった。房総半島や三浦半島の堆積物（三浦層群）中にも、多量の黒いスコリアや白い軽石、火山灰が含まれている。荒崎では、急傾斜した三崎層の上に水平に関東ローム層（第四紀更新世中期以降の火山灰が変質したもの）が不整合で乗っている露頭が観察できる。

写真2-42　**三浦半島荒崎の三崎層―関東ローム層の不整合**（写真：横須賀市自然・人文博物館、柴田健一郎）

写真2-43　**城ヶ島東端の三崎層上部（約500万年前）の逆転層**（城ヶ島安房崎）　地質百選

三浦半島南端の城ヶ島は、地震性の隆起波食台が島を取り巻いているため、地層の露出が非常に良く、様々な堆積構造や地質構造も観賞できるため、首都圏の学校の巡検のメッカとなっている。東端の安房崎北西の海岸沿いでは地層が逆転しており、変動の激しさを体感することができる。

写真2-44　**青島（鬼の洗濯岩）の砂岩泥岩互層**　中新世後期〜鮮新世宮崎層群（写真：宮崎市観光協会）

青島の鬼の洗濯岩

……800〜150万年前 ➡ 8時〜21時頃

国天然　地質百選　宮崎県の石

宮崎県宮崎市青島では、波の侵食を受けて水平な波打ち際（波食台）が、洗濯岩のようにでこぼこしている。このでこぼこは砂岩泥岩互層中の砂岩が侵食に強く、泥岩が侵食に弱い差別侵食によるものである。

Column

後期中新世に出現した人類

三浦層群や宮崎層群が海底で堆積している時に、アフリカ大陸では類人猿から猿人への進化、すなわち人類の出現が起こった。猿人の類人猿との違いは二足歩行である。アフリカのチャドで発見された最古の猿人が正しいとすれば、700万年前（後期中新世）のことである。地球暦では、大晦日の午前10時40分のことであり、地球の歴史1年の中で見ると、人類の歴史は13時間余りに過ぎない。さらに新人（ホモ・サピエンス）が現れたのは、年が明ける23分前であった。

5 伊豆弧の衝突

● 丹沢変成岩と丹沢トーナル岩 …… 500万年前 ➡ 14時頃 地質百選

中新世の海底の玄武岩質火山岩類の丹沢層群は、丹沢地塊の衝突とほぼ同時期の500万年前に貫入した丹沢トーナル岩（カリ長石をほとんど含まない花崗岩の一種）の熱によって変成作用を受けているため、丹沢変成岩とも呼ばれている。

写真2-45　**海底で噴出した枕状溶岩が変成した丹沢変成岩**（角閃岩）

写真2-46　**玄倉川沿い（ユーシン渓谷）の丹沢トーナル岩** 神奈川県の石

伊豆半島の衝突現場─神縄断層：伊豆の衝突の前線

……100万年前～ 22時

神縄（かんなわ）断層は、鮮新世（約500万年前）に丹沢トーナル岩の貫入に伴う熱の影響で変成した丹沢層群が、第四紀更新世前期の足柄層群（220～70万年前）の礫層の上にのし上がった断層で、神縄・国府津ー松田断層帯の一部をなす。この断層帯は、本州弧（北アメリカプレート）と、伊豆～小笠原弧（フィリピン海プレート）を構成する伊豆地塊との境界をなすと考えられている(23頁、図12参照)。なお、神縄断層は活断層ではなく、その南に分布する断層(平山断層、日向断層、国府津ー松田段層)及び西に分布する塩沢断層が活断層とされている。写真は塩沢断層の露頭で、左ずれの成分を伴う逆断層の運動が、露頭から読み取れる。

写真2-47　**神縄・国府津─松田断層帯、塩沢断層の露頭**　更新世の足柄層群最上部塩沢層の礫層の上に、中新世丹沢層群の玄武岩質火山砕屑岩が北（露頭の奥の方向）に約50°傾斜して乗っている

第3章

第四紀－活動的な日本列島の地質現象と地形の形成

地質時代最後の第四紀は、氷期－間氷期のサイクルが明瞭になり始めた258.8万年前以降の時代。わが国で現在見られる様々な火山や地形は、この時代の特に後半に成し、今もなお刻々と変化し続けている。

写真：国内の氷河が初めて確認された剱岳の2つの雪渓：立山黒部ジオパーク

1. 第四紀の始まりと地磁気の逆転

氷期—間氷期サイクルの始まり（258万8千年前〜）

➡ 12月31日19時4分〜

258.8万年前を新第三紀ー第四紀境界と国際的に定められたのは、2009年の国際地質科学連合（IUGS）での決定以降である。その前までは、約180万年前が境界であった。地球暦では、大晦日の19時以降が第四紀の時代となる。

● 黒滝不整合 地質百選

房総半島の上総層群の時代は、新第三紀鮮新世末期(280万年前)〜中期更新世(50万年前)とされている。上総層群基底部は黒滝不整合と呼ばれ、安房層群(三浦層群)の上に、約250万年前の上総層群の基底礫岩が乗る。千葉県勝浦市ボラの鼻に露出する不整合面は下の水平な地層を不規則に削っている様子が分かる。

写真3-1 **千葉県勝浦市ボラの鼻に見られる黒滝不整合** 約100万年間の時間のギャップを示す。上総層群黒滝層の基底礫岩層

屏風ヶ浦の250万年前の含ざくろ石火山灰、松山逆磁極期の始まり

（銚子ジオパーク） 19時14分 国名勝

千葉県銚子の屏風ヶ浦は、新第三紀鮮新世〜第四紀の境界直上部の犬吠層群名洗層中に、特徴的な火山灰層（テフラ）が知られている。厚さわずか2cmであるが、この火山灰には多量のざくろ石を含む点が大きな特徴である。

同様のざくろ石を含む火山灰層は、神奈川県愛川町中津（厚さ11cm）、同鎌倉市の上総層群（厚さ8cm）、さらに東京都江東区の埋立地のボーリングコア（地下1,217m・厚さ6cm）の上総層群でも見つかり、その火山灰が、丹沢変成岩に250万年前に貫入したざくろ石流紋岩に由来すると考えられている。この時の噴火の規模は、富士山の宝永噴火に匹敵するという。

写真3-2 **銚子市屏風ヶ浦の露頭下部に含まれる厚さ2cmの含ざくろ石火山灰層（赤矢印）**
この露頭の部分では、火山灰層が2つの対をなす断層（共役正断層）によって少しずらされている。この火山灰層の下位2m以内に、新第三紀―第四紀境界（258.8万年前）が存在する

写真3-3　**鋸山日本寺、上総層群竹岡層の凝灰岩**　鋸山は三浦層群とその上位の上総層群が褶曲して上に開いた向斜をなしており、その中心の部分が鋸山となって、より若い上総層群竹岡層が分布している

● 房州石　……180万年前 ➡ 20時34分　千葉県の石

三浦半島〜房総半島に広く露出する上総層群下部層は、大部分が火山砕屑物(さいせつぶつ)から構成される。そのような凝灰岩は加工がしやすいことから、古くより石材として採掘されてきた。房総半島の鋸山周辺には江戸時代より房州石として採掘されてきた採石場跡があり、日本寺の磨崖仏と共に観光名所となっている。

豊岡の玄武洞ー地磁気の逆転の発見（山陰海岸ジオパーク）

……160万年前 ➡ 20時57分　地質百選　兵庫県の石

第四紀の大半を占める更新世は、前期・中期・後期に区分されており、前期は258.8～78.1万年前である。この時期は、地磁気が逆転（現在とN–S極が逆になっていたこと）していたことが知られ、その逆転を1929年に世界で初めて見出した松山基範氏の名前をとって、松山逆磁極期（8頁、図1参照）と呼ばれている。その地磁気逆転の発見のきっかけとなった火山岩試料は、山陰海岸ジオパークの玄武洞公園の玄武岩（約160万年前）などから採取されている。日本海側の玄武岩（アルカリ玄武岩）は黒くなく、灰色の明るい色を示すのが特徴。

写真3-4　**地磁気逆転の発見の舞台の一つとなった兵庫県豊岡市玄武洞公園（青龍洞）の玄武岩の柱状節理**

2. 火山列島：第四紀火山と火山災害

第四紀→地球暦最後の5時間の火山活動

1 ～前期更新世の火山活動 …… 258.8～78.1万年前 ➡ 19時4分～ 22時30分

● 荒船山と妙義山（本宿カルデラ、下仁田ジオパーク）…… 300万年前 ➡ 18時17分

群馬県下仁田ジオパークの西方には、上が平らな荒船山や、ぎざぎざした岩峰が印象的な妙義山など、特異な地形を持つ火山が多い。この地域は主に鮮新世に形成された本宿カルデラが調査されており、直径10kmの巨大なカルデラ形成時に陥没した痕跡が明らかにされている。

巨大な船のような荒船山は、流出した安山岩質溶岩（荒船溶岩）が硬いために侵食に強く、メサ地形をつくっている。荒船山山頂のデイサイトからは220万年前の前期更新世の年代が知られている。

写真3-5　**荒船山艫岩**（ともいわ）（写真：ジオパーク下仁田協議会）

写真3-6
妙義山から望む荒波の上の船のような荒船山

荒船山と同時期に形成した妙義山の岩峰群は、構成している凝灰角礫岩が比較的柔らかく、節理と雨風の侵食によって土柱状の景観をつくった。このような岩峰群は、凝灰角礫岩や火山角礫岩など、礫混じりの比較的柔らかい地層や火山にしばしば発達する（168頁参照）。

写真3-7　**妙義山の岩峰群**　国名勝

写真3-8　**白滝ジオパーク、八号沢露頭の黒曜石の流理構造**

国内最大の黒曜石産地—北海道遠軽町白滝（白滝ジオパーク）

……**220万年前 ➡ 19時48分** 地質百選 北海道天然

黒曜石は、流紋岩質のマグマが急冷されて生成した火山ガラスであり、岩石名としては黒曜岩が正式名称である。国内では、遠軽町白滝、伊豆神津島、長野県和田峠、隠岐島後（どうご）、大分県姫島（写真3-15）、佐賀県伊万里市腰岳などが有名であるが、白滝の黒曜石は、その規模からみても国内最大の産地である。約300万年前以降の巨大噴火によって形成した幌加湧別カルデラにおいて、220万年前に10箇所もの場所から溶岩が噴出し、黒曜石が形成された。黒曜石は旧石器時代の矢尻などの石器に使われたため、考古学的にも重要であり､国指定史跡｢白滝遺跡群｣に認定されている。白滝産黒曜石は旧石器時代から縄文時代にかけて、道内や東北地方はもとより、サハリンやアムール川下流域からも出土しており、東北アジアの人々の移動を考える上でも重要な資料を提供している。遠軽町埋蔵文化財センターには、黒曜石を中心とした考古学的な展示が充実している。

●川原毛地獄のデイサイト質凝灰岩と熱水変質（ゆざわジオパーク）

……200万年前～ ➡ 20時11分～

秋田県湯沢市三途川～川原毛付近は、700万年前頃にカルデラが形成され、カルデラ湖が存在していたことが、植物化石や昆虫化石などを含む堆積物から明らかにされている。その後200万年前以降に多くの火山活動が起こり、国内でも有数の地熱地帯となっており、上の岱地熱発電所が存在する。

川原毛地獄では、火山ガスや強酸性の温泉水と岩石が反応し、岩石中のケイ酸を除く成分が溶け出すために、残存したケイ酸成分が岩肌を白くしている。また、酸性のために植物も生えない。このような「地獄」は、恐山や立山地獄谷、草津白根山の殺生河原、登別温泉、雲仙地獄など、各地の火山地帯で知られている。

写真3-9　**川原毛地獄の凝灰岩の変質と噴気**　噴気口周辺は硫黄が沈着して黄色くなっている（写真：湯沢市ジオパーク推進協議会）

写真3-10　**カルデラ噴出物で覆われている槍—穂高連峰**　蝶ヶ岳より撮影

写真3-11　**北穂高岳から見た南岳に見られる火砕岩**　地殻変動で層が東に（写真の右側に）傾いている。奥は槍ヶ岳（3,180m、日本百名山）（写真：信州大学　原山 智）

● 北アルプスにあったカルデラと噴火の痕跡　…… 175万年前 ➡ 20時40分

穂高岳〜槍ヶ岳の稜線は、主に175万年前のカルデラを埋め立てた火山岩（主にデイサイト質溶結凝灰岩）に覆われており、地形に表れていないが、南北に伸びたカルデラがあったことが知られている。その時に大規模な火砕流が発生し、房総半島で最大40cmの厚さの火山灰層（Kd39）が積もっている。

● 北アルプスの噴火を体験したアケボノゾウ（東京都日野市）

……165万年前 ➡ 20時51分

多摩川にかかるJR中央線の鉄橋付近には、第四紀前期更新世の上総層群が露出している。地層はほとんど水平であるが、緩やかに東に傾斜しているため、下流に向かって上位の地層が現れている。鉄橋よりおよそ500m上流域には、第2堀之内テフラと呼ばれている層厚28cmの火山灰層が挟まれており、165万年前ということが分かっている。この火山灰は北アルプスの麓、大町付近の大峰火砕流から由来したものと考えられている。

この火山灰層の場所から少し下流に向かって進むと、アケボノゾウや鹿の足跡が見出される。つまり、海岸線から近い場所で、これらの動物が活動していたことを物語っている。残念ながら地層が柔らかいので、これらの足跡の化石はすぐに破壊されてしまったが、一部は残っている。そのほか、この辺りには軽石層や、メタセコイアの立木や倒木が炭化した化石を見ることもできる。鉄橋に近づくと、穴じゃこや二枚貝の化石が見つかる。

つまり、多摩川鉄橋から上流500mの区間は、下流に向かって（地層の上位に向かって）上総層群は陸地から海へと環境が変化したことを物語っている。

写真3-12
東京都日野市多摩川左岸で認められるアケボノゾウの足跡（下）や鹿の足跡（右）の化石（2011年10月撮影）

● 世界一若い花崗岩ー滝谷花崗閃緑岩 ……100万年前 ➡ 22時05分 地質百選

北アルプスのカルデラの形成後、およそ100万年前の世界一若い花崗岩（滝谷花崗閃緑岩）が火山岩を貫いて貫入し、穂高連峰の西側に露出している。この年代は、北アルプスが隆起した時代と重なり、60万年間に4km以上も上昇した。上高地のウエストン碑も、滝谷花崗閃緑岩の露頭に作られている。

写真3-13
滝谷花崗閃緑岩　高山市、蒲田川右俣谷滝谷（写真：信州大学 原山 智）

写真3-14
滝谷花崗岩の露頭に作られた上高地のウエストン碑（写真：信州大学 原山 智）

2 中期〜後期更新世の火山活動 ……78〜1万年前 ➡ 22時30分〜

● 姫島の黒曜石（おおいた姫島ジオパーク）

……34〜20万年前 ➡ 23時21分〜 23時37分 国天然 大分県の石

大分県東国東郡姫島の北西部、観音崎には、流紋岩質溶岩（城山溶岩）として、灰色の黒曜石が知られており、34〜20万年前の放射年代が知られている。姫島の黒曜石に関しては、その特徴的な色により産地の識別が容易であり、瀬戸内地域を中心とする西日本一帯で、縄文時代に用いられた石器の原材料となったことが知られている。この黒曜石には、わずかにざくろ石が含まれる。

写真3-15　**大分県姫島の黒曜石**（写真：おおいた姫島ジオパーク推進協議会）

● フォッサマグナの火山—八ヶ岳 ……25〜20万年前 ➡ 21時42分 地質百選

八ヶ岳はフォッサマグナの中央部に位置し、蓼科山を含む北八ヶ岳は120万年前以降、南八ヶ岳では50万年前以降、最近まで活動を繰り返した火山群である。火山活動の最盛期の25～20万年前には古阿弥陀岳を中心とした成層火山が形成されており、その標高は3,400m程と見積もられている。

富士山はその頃誕生したばかりの火山で、当時は標高2,000mを超えた程度であった。つまり、八ヶ岳の方が富士山より高かった。その後、20万年前には大規模な山体崩壊を起こし、岩屑流を発生させた。特に、韮崎岩屑流は50 km以上の距離を流れ下り、厚さは最大200mに達し、多数の流れ山を形成した。この大崩壊により古阿弥陀岳の標高は一気に1,500mまで低くなった。山梨県の民話にあるように、八ヶ岳の男神と富士山の女神が背比べをして喧嘩となり、八ヶ岳より低いことが分かった富士山が怒って八ヶ岳の頭を太い棒で叩いて八つに割って背を低くした話は、八ヶ岳火山の歴史を考慮すると、話が合っていて面白い。

確実な噴火記録は残っていないものの、北八ヶ岳の横岳では800～600年前に噴出したとみられる新しい溶岩が確認されており、活火山に含められている。

写真3-16　**八ヶ岳の主峰赤岳（2,899m：中央、日本百名山）、阿弥陀岳（左）および横岳（右）**

写真3-17
空から見た摩周湖と屈斜路カルデラ　2つの湖の間がアトサヌプリ（写真：弟子屈町商工観光課）

写真3-18
活発に噴煙を上げるアトサヌプリ（写真：弟子屈町商工観光課）

屈斜路カルデラの生成　……12万年前 ➡ 23時46分

千島弧の火山に属し、約12万年前の巨大な噴火によって形成した屈斜路カルデラは、国内最大のカルデラである。3万年前に、摩周湖やアトサヌプリ（アイヌ語で「裸の山」の意。別名硫黄山）などの火山群が形成された。

写真3-19 **阿蘇カルデラの空撮** 中央部の噴煙が中岳火口（写真：阿蘇ジオパーク推進協議会）

阿蘇―9万年前のカルデラ形成（阿蘇ジオパーク）➡23時49分 地質百選 熊本県の石

国内最大級のカルデラを有する阿蘇山（日本百名山）は、27～9万年前に発生した4回の巨大カルデラ噴火により形成された。中でも最も大きな噴火は約9万年前に起こり、南北25km、東西18kmの巨大なカルデラを形成した（図21）。9万年前の阿蘇4火砕流は九州のほぼ全土を覆い、海を渡って山口県にも達した。火山灰は遥か北海道にまで達し、地層の時代を決める有効な火山灰層（Aso-4）と位置づけられている（図22）。

阿蘇4火砕流堆積物を構成する溶結凝灰岩は、堆積時に高温のために、ガラス質の礫が荷重で押しつぶされて扁平になり、堆積後に冷却・収縮するために柱状節理が発達する。その一例として、高千穂峡の柱状節理を写真3-21に示す。

また、陸上で堆積するために、元の地形の凸凹面が、火砕流堆積物の基底面として残っている場所がある。その例を、おおいた豊後大野ジオパークの岩戸の景観ジオサイト（写真3-22）で見ることができる。阿蘇周辺の溶結凝灰岩は、熊本県の石に指定されている。

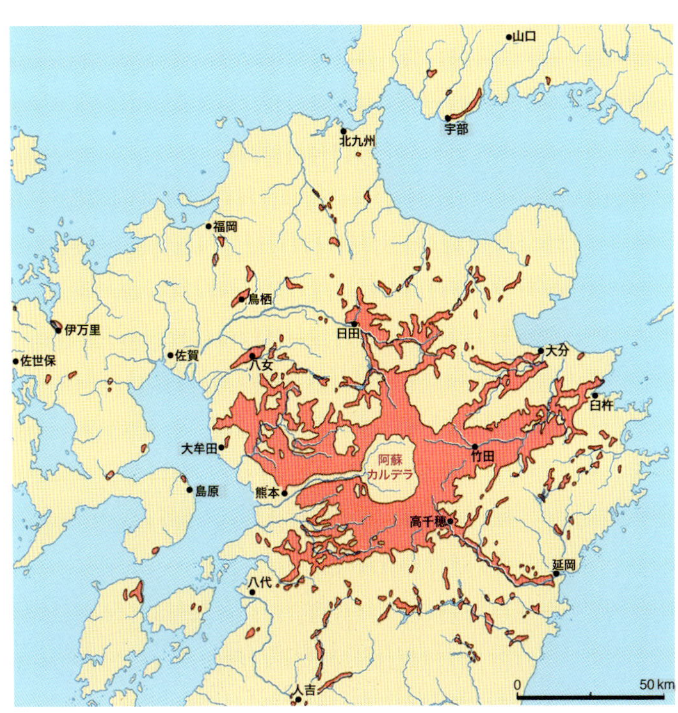

図21　**九州の阿蘇4火砕流堆積物の分布図**
（大木・小林、1987「日本の火山」より）

写真3-20　**阿蘇中岳火口**

写真3-21　**高千穂峡の12万年前のAso-3溶結凝灰岩、および9万年前のAso-4溶結凝灰岩と柱状節理**
国名勝　国天然

写真3-22　**褶曲した白亜紀大野川層群を不規則に覆うAso-4溶結凝灰岩**（おおいた豊後大野ジオパーク、岩戸の景観ジオサイト）（写真：おおいた豊後大野ジオパーク推進協議会）

● 大雪火砕流と層雲峡の形成（北海道上川郡上川町）……約3万年前 ➡ 23時56分

北海道中央部にそびえる火山群の大雪山は、知床半島から続く千島孤の西端部に近い位置に存在する。およそ110万年前以降の火山活動が記録されており、約3万年前のお鉢平中央火山の大爆発によって、大量の火砕流が東側に流出して台地を形成した。この台地を石狩川が侵食したのが層雲峡で、両岸の火砕流堆積物である溶結凝灰岩に見事な柱状節理が形成された。Aso-4火砕流堆積物（写真3-22）と同様に、部分的に基盤をなす白亜紀の地層が表れており、当時の地形の凹凸を埋めるように火砕流堆積物が積もったことが分かる。

写真3-23　**層雲峡神削壁の溶結凝灰岩の柱状節理**　危険防止のため現在は写真の場所に立ち入ることはできないが、大函などで柱状節理を見ることができる

男鹿半島のマール（男鹿半島・大潟ジオパーク）

……8〜2万年前 ➡ 23時50分〜 57分 国天然 地質百選

マールとは火山の爆発（マグマ水蒸気爆発）によって生じた円形の火口のうち、低い環状の丘に囲まれた地形。火口の底が地下水面より低い場合に湖を作る。男鹿半島ジオパークの一ノ目潟（8〜6万年前）、二ノ目潟、三ノ目潟（2.4〜2万年前）や伊豆半島ジオパークの一碧湖はその典型例である。国の天然記念物の一ノ目潟周辺では、噴出した安山岩〜玄武岩の中に取り込まれた、かんらん岩やはんれい岩などの岩片（捕獲岩）が存在することで有名である。

写真3-24 **秋田県男鹿半島のマール** 左：一ノ目潟（国天然記念物）（写真：男鹿ナビ） 右：一の目潟溶岩が運んだかんらん岩の捕獲岩、幅6cm（写真：男鹿半島・大潟ジオパーク推進協議会）

写真3-25 **二ノ目潟と戸賀湾**（写真：男鹿ナビ）

写真3-26　**然別湖と天望山**

● 然別単成火山群と然別湖（とかち鹿追ジオパーク）

……4〜1万年前 ➡ 23時55分〜23時58分

標高810mにある北海道の然別湖（しかりべつこ）は、約4〜1万年前の然別単成火山群の火山活動により東西のヌプカウシヌプリ（ヌプリはアイヌ語で山のこと）の溶岩ドームの形成でヤンベツ川が堰き止められた湖である。堰き止めによって陸封されて固有種となったミヤベイワナが生息している。然別湖周辺の溶岩ドームには、山頂部の崩壊で生じた岩塊斜面が発達しており、岩塊の隙間にできた風穴の下には永久凍土が知られ、約4000年前の氷も見つかっている。

姶良カルデラの形成とシラス（桜島錦江湾ジオパーク）

…… **2.5万年前 ➡ 23時57分** 地質百選 鹿児島県の石

約2.9～2.6万年前に姶良（あいら）カルデラの大噴火で発生した大規模な火砕流堆積物は九州南部に広がり、シラス台地を形成した。この火砕流は入戸（いと）火砕流と呼ばれており、シラスは桜島の噴出物ではない。この噴火で発生した火山灰は、姶良Tn火山灰（AT）と呼ばれ、東北地方北部にまで達している（図22）。

写真3-27
錦江湾（姶良カルデラ）と桜島
（写真：鹿児島大学 井村隆介）

写真3-28
シラスの崖
（写真：鹿児島大学 井村隆介）

写真3-29　**華厳の滝と中禅寺湖（奥）**（写真：日光市観光商工課）

● 男体山の噴火と華厳の滝　……2.3〜1.4万年前 ➡ 23時57分〜58分

国名勝　地質百選

栃木県日光市の日光国立公園にある中禅寺湖は、成層火山である男体山（2,486m、日本百名山）のおよそ2万年前の噴火によってできた堰き止め湖である。そのため、中禅寺湖から流れ出す大谷川（だいやがわ）に100m近い大きな落差が生じ、華厳の滝が形成された。

滝は侵食・岩盤の崩落によって後退しており、もともとは800mほど下流側に存在していたという。

3 完新世の火山活動 ……1.1万年前〜現在 ➡ 23時58分〜24時（午前0時）

第四紀最後の約１万年間は完新世と呼ばれ、この時期に噴火した記録がある火山は活火山と定義されている。

国内の活火山の数は110に及んでいる（16頁、図5）。その中からいくつかの例を紹介しよう。

● 薩摩硫黄島と鬼界カルデラ（三島村鬼界カルデラジオパーク）

……7300年前 ➡ 23時59分09秒

鹿児島県南部の三島村の海底に存在する鬼界カルデラ（北西―南東約25km、北東―南西約15km）では、7300年前に、完新世では国内最大の噴火が発生し、火山灰（鬼界アカホヤ火山灰：K-Ah）を広域に堆積させた。このような大規模噴火はこれ以降日本では起こっていない。この火山灰は和歌山県で20cmに達し、東北南部まで確認されている（図22）。薩摩硫黄島は、竹島とともに鬼界カルデラの縁に誕生した火山島で、約6000年前に海面上に姿を現した。

写真3-30 **薩摩硫黄島（704m）の火山活動**（写真：三島村ジオパーク推進連絡協議会）

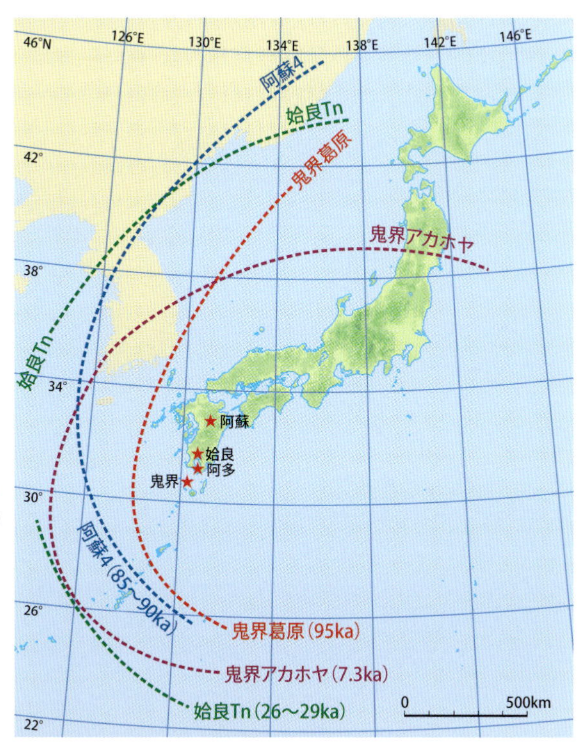

図22　**代表的な広域テフラの分布図**（ka：1000年前）

写真3-31
阿蘇大観峰のオレンジ色のアカホヤ火山灰層
（写真：阿蘇ジオパーク推進協議会）

● 伊豆半島大室山（伊豆半島ジオパーク）

……4000年前のスコリア丘 ➲ 23時59分32秒 国天然

静岡県伊東市に見られる、お椀を伏せたような円錐形の大室山（580m）は、約4000年前に噴火した火砕丘（スコリア丘）である。この噴火で、南東に向かって大量の玄武岩溶岩が流れ出して相模灘を埋め立てたのが城ヶ崎海岸である。同様のスコリア丘としては、阿蘇ジオパークの米塚が有名。

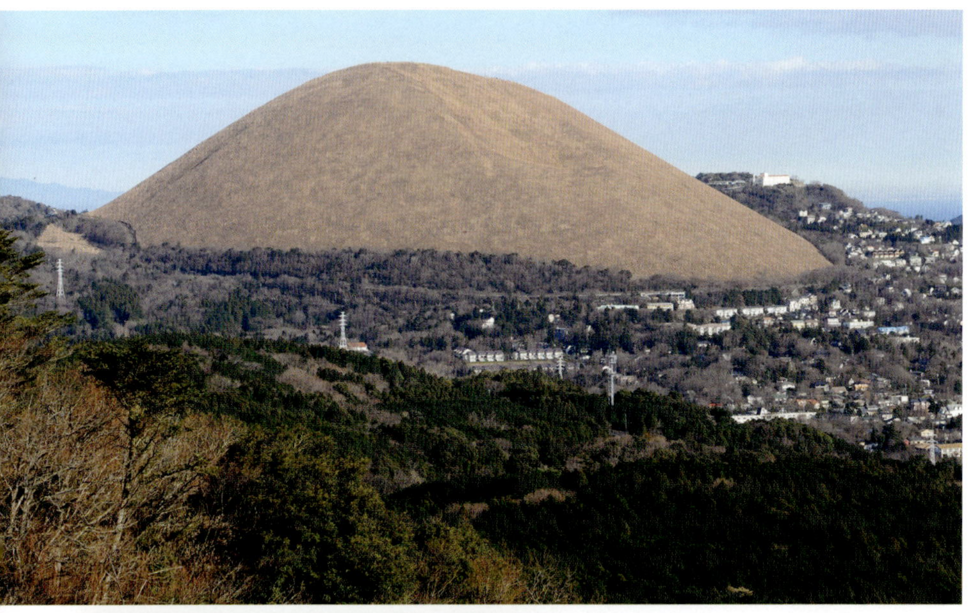

写真3-32
スコリア丘の大室山
山頂には火口が存在

写真3-33
柱状節理が発達した城ヶ崎海岸の玄武岩溶岩

写真3-34　**大涌谷と冠ヶ岳（1,409m）**

箱根カルデラ（箱根ジオパーク）

……**3100年前、大涌谷と芦ノ湖の形成 ➡ 23時59分39秒** 地質百選

芦ノ湖をカルデラ湖としてたたえる箱根火山の歴史は、65万年前に遡る。大規模な火山活動は約23万年前から始まり、カルデラが形成された。約８万年前から４万年前までに大規模噴火が起こり、6.5万年前には東京でも20cmに達する軽石（東京軽石層）が積もった。その後２万年前以降に駒ヶ岳や神山の溶岩ドームが形成された。

約3100年前に、神山北部で大規模な山体崩壊が起こり、岩屑なだれが神山北西部を厚く覆い、早川を堰き止めて、現在の芦ノ湖が誕生した。またその時期に、大涌谷を見下ろす冠ヶ岳（写真3-34）が形成された。箱根カルデラ内には南北に縦断する左横ずれ活断層（平山断層、丹那断層）が知られており、断層の活動と火山活動の関連性が注目されている。

写真3-35
秋田県象潟の流れ山（九十九島）と鳥海山
（写真：にかほ市市観光協会）

写真3-36
江戸時代より景観が保存されてきた象潟の風景
（写真：森 隆司）

象潟：鳥海山の山体崩壊と地震がつくった流れ山地形（鳥海山・飛島ジオパーク）

……**紀元前466年** ➡ **23時59分39秒** 国天然 地質百選

山形県と秋田県にまたがる鳥海山（2,236m、日本百名山）の活動は、40万年前の古期成層火山の形成に遡る。その後15万年前以降の西鳥海の活動、さらに１万年前以降の東鳥海の活動と続き、紀元前466年に東鳥海が噴火した際に発生した大規模な山体崩壊によって、流れ山が日本海に流れ込み、九十九島（くじゅうくしま）と呼ばれている多くの島々ができあがった。やがて島々周辺の海は浅くなり、1689年に奥の細道で芭蕉が「象潟や雨に西施（せいし）がねぶの花」と詠んだ風光明媚な象潟の地形ができあがった。しかし1804年の象潟地震で海底が隆起し、陸地化した。現在は水田に囲まれた丘が点在し、独特の景観を作っている。

● 富士山 ……1707年宝永の噴火 ➡ 23時59分57秒 国名勝 地質百選 静岡県の石 山梨県の石

富士山（3,776m、日本百名山）は、数十万年前の活動以降、先小御岳、小御岳（こみたけ）（～約10万年前）、古富士（～5千年前）、新富士（約5千年前～現在）の山体を形成する４回の主要な活動が知られており、最新の活動が西暦1707年に起こった宝永噴火である。この噴火は宝永地震の49日後に始まり、江戸市中まで大量の火山灰を降下させた。この時にできた巨大な火口が山頂南東部に存在する宝永火口（写真3-37）である。

宝永火口と富士山頂を連ねた方向、すなわち富士山頂を通る北西—南東方向に沿って見ると、きれいな円錐形をなす成層火山の富士山の表面で吹き出物のように多くの側火山がこの線上に乗ってくる。つまりこの線に沿った鉛直な面こそ、マグマの通り道と考えることができる。この方向は、北西方向に移動しているフィリピン海プレート上の伊豆の衝突が引き金となり、その圧縮力が地殻を北東—南西に押し広げようとしていることによる。

宝永火口周辺の赤い凝灰角礫岩は静岡県の石に、山梨県側の青木ヶ原樹海に広がる玄武岩質溶岩は、貞観時代(864～866年)に北西部の割れ目からマグマが流出したもので、山梨県の石に指定されている。

写真3-37　**富士山にぽっかり空いた穴、1707年噴火の宝永火口**　宝永火口の右側の高まりが宝永山。いくつかの側火山（小さな山や塚）も眺められる。忠ちゃん牧場より

浅間山の鬼押出し溶岩（浅間山北麓ジオパーク）

……1783年（天明3）➡ 23時59分58秒　地質百選　群馬県の石

長野県と群馬県にまたがる浅間山（2,568m、日本百名山）は、フォッサマグナの中央部、東日本火山帯の火山フロントの屈曲部に位置しており、安山岩質溶岩と火山噴出物が積み重なった成層火山である。約13万年前から活動を始め、これまでに噴火と山体崩壊を繰り返し、現在も噴火を続けている活動的な活火山である。記録に残っている主な噴火として、1108年（平安時代）、1783年（江戸時代、天明３年）などで大規模な噴火を経験した。天明３年の噴火では、火砕流、土石流、泥流などが発生し、鎌原村と長野原町の一部が壊滅、犠牲者は1,624人に及んだ。最後に「鬼押出し溶岩」が北側に流下した。この年には、岩木山、アイスランドのラキ火山などの長期噴火が相次ぎ、噴火による塵は地球の北半分を覆い、地上に達する日射量を減少させたことから、北半球に低温化・冷害を生んだ。このことが、すでに深刻になっていた飢饉に拍車をかけた可能性がある。20世紀以降も、10年前後ごとに小さな噴火を繰り返している。

写真3-38　**天明３年の大噴火の爪痕、鬼押出し溶岩と浅間山**（写真：長野原教育委員会、富田孝彦）

写真3-39　**磐梯山の1888年山体崩壊跡と桧原湖**（写真：磐梯山ジオパーク協議会）

● 磐梯山の大崩壊（磐梯山ジオパーク）　……1888年 ➡ 23時59分59秒　地質百選

磐梯山（1,819m、日本百名山）は、福島県猪苗代町、磐梯町、北塩原村にまたがる成層火山で、その活動はおおよそ30万年前頃に遡る。およそ5万年前には巨大な山体崩壊が発生し、その頃までに盆地の河川が堰き止められ、猪苗代湖が形成された。

1888年（明治21）7月15日に水蒸気爆発が発生し、山体崩壊に伴う岩屑なだれ、火砕流が発生し、死者477人を記録した。堰き止めにより檜原湖・秋元湖などが生じ、五色沼を形成した。

Column

産業革命からわずか1.7秒！

天明３年の浅間山の噴火の少し前に、英国から産業革命が起こった。人類は、地球が１年間かけて築き上げてきた絶妙な環境を、産業革命以降のおよそ250年間、すなわち地球暦ではわずか1.7秒で破壊してきている。P-T境界が地球史最大の生命の絶滅であることは前に述べたとおりであるが、実は現在も人類の活動による自然環境の破壊により、６度目の大量絶滅の時期にあると考えられている。

写真3-40 **有珠山から眺めた昭和新山の溶岩円頂丘** 溶岩が灰白色のデイサイトであるにも関わらず赤味を帯びているのは、畑の土が焼かれたまま持ち上がったことによる。緑に覆われた安山岩質の屋根山の中腹に河原の円礫が見られることも、隆起を物語っている

● 昭和新山の形成（洞爺湖有珠山ジオパーク）

……1944～1945年 ➡ 23時59分59秒 国特天然 地質百選

北海道有珠郡壮瞥町に存在する有珠山は、洞爺湖を形作る洞爺カルデラの南部に約２万年前に形成された。約７千年前に山体崩壊を起こした後は活動を休止していたが、1663年以降、1769年、1822年、1853年と大規模な噴火が起こり、1910年（明治43年）には明治新山（四十三山（よそみやま））と命名された側火山が形成され、洞爺湖温泉が生まれた。

昭和新山は有珠山の側火山の一つで、戦時中の1944年に有珠山の東側の畑であった地区で爆発と隆起を繰り返し、デイサイト質の粘り気の高いマグマにより溶岩ドーム（398m）を形成した。報道管制がとられていた戦時下における昭和新山の成長は、当時、壮瞥の郵便局長であった三松正夫氏により克明に記録され、貴重な資料として今に残されている。

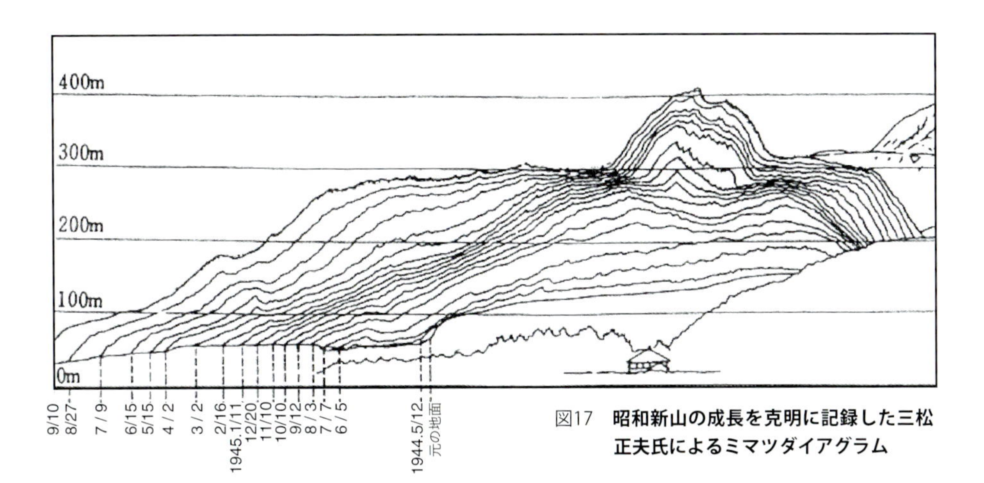

図17 **昭和新山の成長を克明に記録した三松正夫氏によるミマツダイアグラム**

昭和新山形成後も、1977年の山頂噴火（噴煙柱が12,000 mに達したプリニー式噴火と有珠新山の形成）、2000年の山麓噴火（金毘羅山、西山火口群の形成）が起こっている。

それらの噴火の爪痕は、そのままのかたちで被災遺構として保存され、見学することができる。

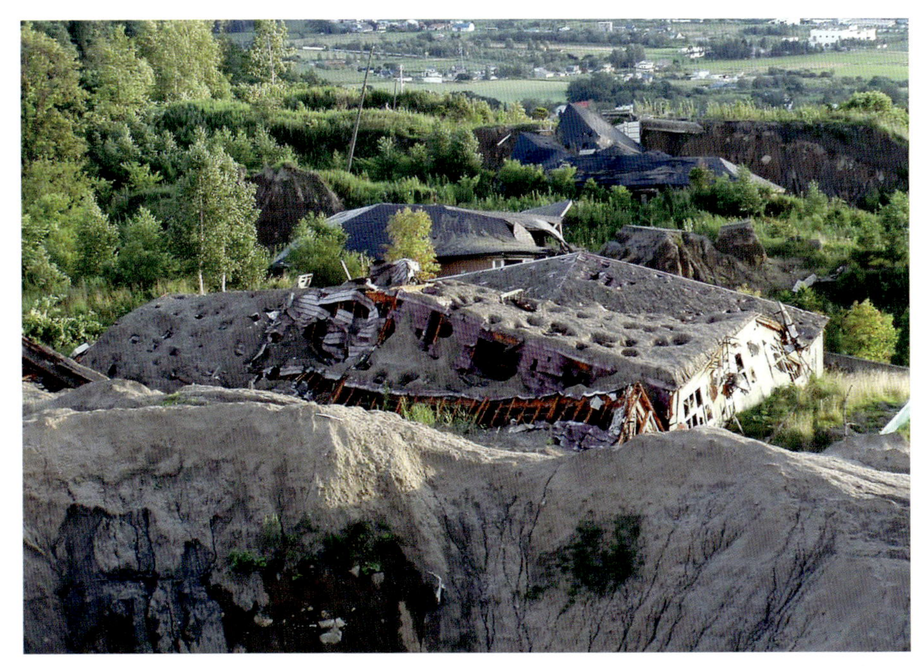

写真3-41 **有珠山2000年噴火の爪痕（西山火口群）** 新しくできた火口のそばの製菓工場の屋根が、噴石で穴だらけになっている（2004年撮影）

● 伊豆大島（伊豆大島ジオパーク） ……1986年の溶岩流 ➡ 23時59分59秒 地質百選

伊豆大島三原山（758m）の溶岩は、玄武岩質のため粘性が低く、溶岩流の跡がよく残っている。

写真3-42に見られる黒い筋は、1986年の溶岩流である。また、粘性が低いために噴火の様式としてアイスランドに特徴的な割れ目噴火（写真3-43）も記録されている。また、ハワイに特徴的なパホイホイ溶岩（縄状溶岩）を見ることもできる。

写真3-42
伊豆大島の1986年の溶岩流

写真3-43
1986年の割れ目噴火
（写真：東京都大島町）

写真3-44
デイサイト質溶岩ドームからなる平成新山（写真：島原半島ジオパーク協議会）

写真3-45
雲仙普賢岳の火砕流。1994年6月24日
（写真：気象庁）

● 雲仙普賢岳（島原半島ジオパーク）……1991年平成新山の形成と火砕流 ➡ 23時59分59秒

国特名勝　国天然　地質百選　長崎県の石

1991年の雲仙普賢岳の噴火に伴って、溶岩ドーム（平成新山、1,483m）が形成された。そのドームの一部が崩落することにより発生した火砕流は、43名の死者を出し、改めてその恐ろしさを示した。火砕流とは、高温のマグマの細かい破片が火山ガスと混合して流れ下る現象で、その速度は100km/時を超えることもあり、一気に遠くまで流れ下る。また、斜面を駆け上ることもある。

霧島、新燃岳の噴火 （霧島ジオパーク） ……2011年 地質百選

新燃岳（しんもえだけ）（1,421m）は九州南部、霧島火山群の中央部に位置する安山岩質成層火山で、約１万年前に山体形成が始まり、有史以降も何度も噴火している。最新の噴火は2011年1月19日より始まり、26日には火口から3,000m上空まで噴煙が上がるプリニー式噴火が確認され、９月には終息した。

写真3-46　**2011年の霧島、新燃岳の噴火**（霧島ジオパーク推進連絡協議会）

西之島新島の平成噴火 （東京都小笠原村） ……2013年～2016年

小笠原諸島の父島の西130kmに位置する西之島は、海底から見ると直径約30km、比高2,500mを超える円錐形の巨大海底火山の山頂火口部が海面上に姿を現したものである。1973年に西之島そばの海底から有史以来初めての噴火が起こり、旧西之島新島が出現した。その旧火口は侵食により縮小したものの堆積物は広がって旧西之島と合体。2013年11月20日に西之島の南東沖から海底噴火が始まり、翌21日に新島の火砕丘が海面上に顔を出した（写真3-47a）。新しい火山島は成長を続け、12月24日には西之島と結合し始めた（写真3-47b）。12月26日には西之島と一体化し、さらに拡大を続け、2015年2月には旧西之島は完全に溶岩に覆われた。その後西之島は噴煙活動も収束した（写真3-47c）。

a. 2013年11月21日

b. 2013年12月24日

c. 2016年6月7日

写真3-47　**西之島新島の成長**
（写真：海上保安庁）

2015年10月の海上保安庁の観測によると、噴出量は雲仙普賢岳の噴火に次いで戦後２番目の多さであった。噴火前の西之島の面積は0.29㎢（海上保安庁）、2016年７月の新島の面積は2.75㎢（国土地理院）となった。

3. 地震列島：活断層、地震災害

第四紀後期更新世～完新世、記憶に残すべき最近の地震の記録

1 プレート境界地震

● 館山の地震性段丘（千葉県館山市）……1703年／1923年

プレートの沈み込みで生じる地震の後に、海岸線が隆起する場合と、沈降する場合がある。房総半島や三浦半島、室戸岬などでは、地震時に隆起し、地震性の段丘や隆起海食台を作る。

写真3-48の館山で見られる２段の段丘面は、上の面（標高4.5m）が1703年の元禄関東地震、下の面（標高1.5m）が1923年の大正関東地震時にそれぞれ隆起した段丘面である。

写真3-48　**元禄関東地震、大正関東地震の２回の地震に伴う隆起を記録している館山の海成段丘**（写真：上條孝雄）

● 津波石（岩手県田野畑村ハイペ海岸、三陸ジオパーク）……2011年

右頁下の写真は、2011年3月11日に発生した東北地方太平洋沖地震（M9.0）の折、約40分後に到来した津波によって15mほど山側に運ばれた宮古層群（69頁参照）の巨大な岩塊である。三陸地域では、1896年（明治29）に発生した明治三陸津波、1933年（昭和８）に発生した昭和三陸津波など、過去115年間に３回の大津波を経験し、各々の津波石が沿岸各地に知られている。

● 室戸岬の地震性隆起の証拠（室戸ジオパーク） 地質百選

汀線(ていせん)の岩礁に生息し、岩石表面に白く突起して付着するヤッコカンザシの現在の汀線からの高さは、南海トラフ地震後の隆起量を示している。写真は室戸岬周辺の地層に貫入するはんれい岩に付着するヤッコカンザシ（白い突起部分）。

写真3-49
室戸岬のはんれい岩と地震時隆起の証拠
（写真：室戸ジオパーク推進協議会）

写真3-50
岩手県田野畑村ハイペ海岸に見られる2011年3月の津波石

2 内陸地震（活断層）

後期更新世（13─12万年前～）以降に活動した形跡がある内陸地震の原因となる断層は、活断層と呼ばれている。活断層の代表例をいくつか紹介する。

● 中央構造線池田断層（徳島県池田町）

中央構造線は、紀伊半島西部～九州、および中部地方の一部は活断層が知られている。特に四国では、吉野川などの連続的な谷や四国中央部の断層崖に沿って中央構造線が延びていることが赤色立体地図（図24）からもよく分かる。

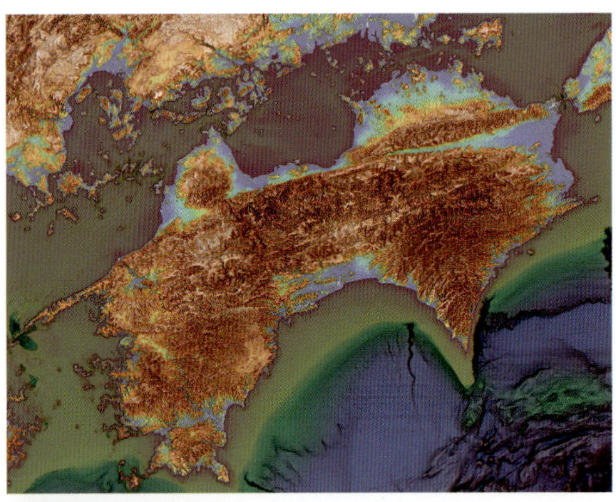

図24
中央構造線の直線的な地形が明瞭な四国の赤色立体地図
（提供：アジア航測総合研究所 千葉達朗）

写真3-51
徳島県池田町を通過する中央構造線活断層部（池田断層）の景観 手前の土讃線の線路左側（北側）に池田高校などが位置する断層崖が存在、前方谷沿いに中央構造線が延びる。この断層崖は、2万3000年間に25m上昇したことが知られている

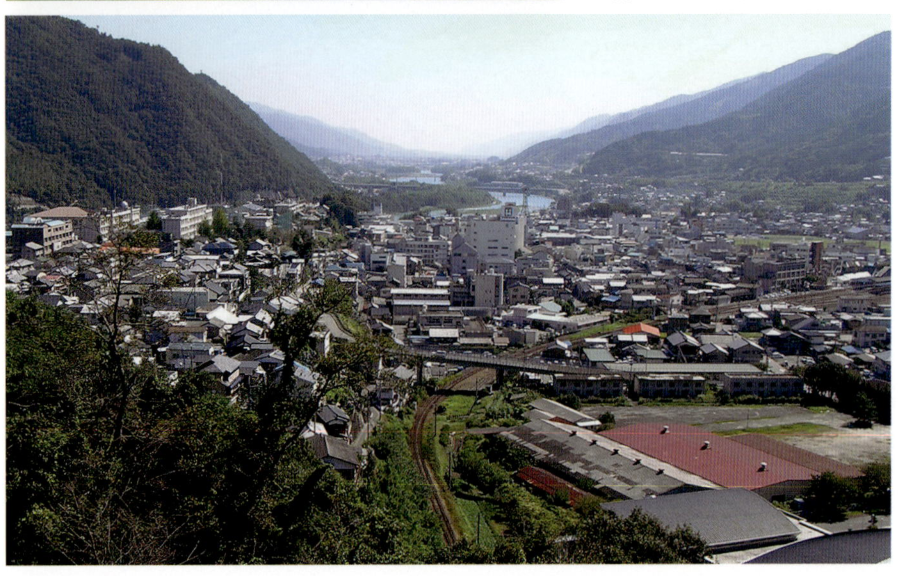

● 糸魚川―静岡構造線（諏訪湖の形成）

天竜川の水源となっている長野県岡谷市、諏訪市、下諏訪町にまたがる諏訪湖（標高759m）は、図25に示すように、（1）折れ曲がった糸魚川―静岡構造線が中央構造線を切断、（2）左にずれたために折れ曲りの部分が7.5kmほど開き、諏訪盆地と諏訪湖ができたと考えられている。

このような盆地は、プルアパート堆積盆と呼ばれている。

図25
諏訪湖の左ずれ堆積盆地の形成モデル図　黄色が諏訪盆地（平野部）、青が諏訪湖

(1)
(2)
糸魚川ー静岡構造線
中央構造線
中央構造線（横河川）
諏訪湖
諏訪盆地
天竜川
中央構造線（藤沢川）

写真3-52
塩嶺御野立公園から望む諏訪盆地と諏訪湖
左奥は八ヶ岳（写真：岡谷市観光協会）

写真3-53
根尾谷断層の断層崖と地震断層観察館
（写真：岡田篤正）

写真3-54
根尾谷断層の地震断層観察館内部　美濃帯のジュラ紀付加体の岩石と、その上の段丘堆積物との不整合面が垂直方向に6mずれている
（写真：岡田篤正）

● 根尾谷断層　国特天然　地質百選

1891年に濃尾地方で発生した濃尾地震はM8.0と推定されており、内陸地震としては史上最大である。この時に、根尾谷断層が活動し、地震断層として地表に現れた。最大約9mの左横ずれを記録しているが、岐阜県本巣郡根尾村水鳥地区では、落差6m、横ずれ4mに及び、写真のような大きな段差を生じている。地震直後の小藤文次郎による地震断層の写真は世界的に有名になり、地震の原因が断層運動であるという認識を広めるきっかけとなった。

● 真川の跡津川断層（立山黒部ジオパーク） 国天然

跡津川断層は、富山県立山から岐阜県天生峠にかけて北東―南西方向に延びる全長70kmの右ずれを示す活断層である。

真川の跡津川断層の露頭は立山カルデラに近く、国内最大の活断層の露頭である。安政5年（1858）の飛越地震の震源断層であると考えられており、その地震の時に、立山カルデラの鳶山(とんびやま)が大崩壊を起こした（166頁参照）。

写真3-55 **跡津川断層真川露頭** ジュラ紀飛騨花崗岩（左）と、段丘堆積物および湖成層（右）とを境する。右ずれ断層であるが、縦ずれの動きが累積して両者が接している。真川の堰堤に向かう取り付け道路は、脆弱な断層面付近で崩落している

● 野島断層（淡路島）……1995年兵庫県南部地震 国天然 地質百選

1995年１月17日５時46分に明石海峡を震源として発生した兵庫県南部地震は、神戸や淡路島北部で死者・行方不明者6437名を数える甚大な被害を及ぼした。震災名は阪神淡路大震災。その時に淡路島北部では地震断層が現れ、平林地区で最大右ずれ約２mを記録した。その後、地震断層や被災した家屋を保存する野島断層保存館が建設され、地震断層の断面などを見学することができる。

写真3-56　**野島断層保存館で観察できる地震断層（右ずれ逆断層）の断面**　液状化の痕跡も観察できる

3 地震性崩壊

● 白神山地十二湖（青森県深浦町）…… 1704年 ➲ 23時59分58秒

火山性の山体崩壊と流れ山地形を持つ裏磐梯と同様に、風光明媚な池めぐりを楽しめる白神山地西麓の十二湖は、1704年の羽後・津軽地震により東部の崩山が崩壊した地震性の崩壊地形にできた湖沼群である。

写真3-57　**十二湖の一つ、独特の色彩を放つ青池**

写真3-58　**十二湖、日本キャニオンの流紋岩質凝灰岩（約1000万年前）**　柔らかいために土柱状の地形が発達

立山カルデラ（立山黒部ジオパーク）

……1858年 ➡ 23時59分59秒　地質百選

およそ22万年前に立山の西側斜面で火山活動が始まり、その後崩壊と侵食が進んでカルデラのような地形ができた。その広さは、東西およそ6.5km、南北およそ5.0kmである。

1858年（安政5）の飛越地震により鳶山の山体崩壊が発生。この地震は跡津川断層（写真3-53）を震源に発生し、その規模はM7.0〜7.1と推定されている。飛越地震の後も土砂流出が重なったため、砂防工事が繰り返され、1939年に日本一の高低差の砂防ダム群が完成した。この時10年の歳月をかけて完成した白岩堰堤は、国の重要文化財に指定されている。立山カルデラと砂防工事の様子は、立山駅前の立山カルデラ砂防博物館で見学することができ、現地見学会も実施している。

写真3-59　**立山カルデラの崩壊跡（一部）**　右奥は薬師岳

写真3-60　**栗駒山麓荒砥沢の大崩壊地形**(写真:栗駒山麓ジオパーク推進協議会)

● 栗駒山麓荒砥沢の大規模地すべり地形（栗駒山麓ジオパーク）

……2008年岩手・宮城内陸地震 地質百選

2008年6月14日に岩手県南部でM7.2の岩手・宮城内陸地震が発生し、岩手県奥州市と宮城県栗原市において最大震度6強を観測した。本震の震源の深さは7.8kmと浅く、栗駒山の南東約4kmの荒砥沢(あらとざわ)ダム上流で山体崩壊とともに大規模な地すべりをもたらした。この地すべりの長さは1.4kmに達し、滑り面の平均勾配はわずか5°程度と推定されている。滑り面の上部は、500万年前の軽石質凝灰岩から構成されており、その下部の砂岩・泥岩との水平に近い地層境界面を利用して滑ったものと考えられている。

震源に近い一関市厳美町では、倒壊した祭時(まつるべ)大橋を災害遺構として保存している。栗原市全域を範囲とする栗駒山麓ジオパークは、「自然災害との共生がもたらす豊穣の大地の物語」をテーマとしている。

4. 風化・侵食地形

本項の地形の形成は、第四紀のいつ頃からでき始めているかということを特定することが難しく、現在進行形でその地形は刻々と変化している。そこで、年代順ではなく項目ごとに代表的な写真をまとめた。

1 雨風の侵食（土柱）

雨風の侵食は様々な地形をもたらすが、段丘礫層や火山礫凝灰岩～凝灰角礫岩など、柔らかい地層の中に硬い礫が含まれると、風雨により柱状の侵食が進むことがある。国内では、阿波の土柱のほか仏ヶ浦（写真2-6）、妙義山（写真3-7）、十二湖の日本キャニオン（写真3-58）、神戸の蓬莱峡などで見られる。

● 阿波の土柱　国天然　地質百選

徳島県阿波市に存在する阿波の土柱は、吉野川が約130万年前に形成した段丘礫層が侵食されてできた奇勝である。最大の土柱は、高さが18mに及ぶ。

写真3-61　**阿波の土柱**（写真：阿波市商工観光課）

写3-62　**鳥取砂丘**（写真：鳥取県）

2 砂丘・砂州

● 鳥取砂丘（山陰海岸ジオパーク）……14～15万年前以降　国天然　地質百選　鳥取県の石

鳥取砂丘は鳥取市の海岸沿いの東西16km、南北2.4kmに広がる代表的な海岸砂丘である。なぜ湿潤な気候の日本にこのような広大な砂丘が生じるのであろうか。その成立は15～14万年前に遡ると考えられている。中国山地の花崗岩質の岩石が風化し、日本海に注ぐ千代川（せんだいがわ）が砂を運搬。長い年月をかけて海中の砂を海岸に向けて流れ寄せる潮流と、海岸線に堆積した砂を内陸へ吹き込む卓越風によって砂丘ができたと考えられている。また、防風林の植林や伐採、景観を保つための活動など、人為的な活動も砂丘の広がりの変遷と関係がある。

国内にある砂丘は鳥取砂丘が有名であるが、より規模の大きな砂丘も存在する。例えば、鹿児島県薩摩半島西海岸の東シナ海に面した吹上浜は、長さ47km、幅2～5kmに達し、侵食されやすいシラスとの関連が考察されている。

琴引浜（山陰海岸ジオパーク） 国名勝 国天然

歩くとキュッと鳴る砂は、鳴き砂または鳴り砂と呼ばれている。鳴き砂の成分は石英粒が多く、花崗岩が侵食されて堆積する場合が多い。鳴るためには不純物が少ない必要があり、鳴き砂は0.2～1mmの粒径に限られる。国内にも多くの砂浜で鳴き砂が知られているが、琴引浜は音を感じるジオサイトとして有名。

写真3-63
京都府京丹後市の琴引浜
（写真：琴引浜鳴き砂文化館）

写真3-64
鳴き砂の組織（写真：琴引浜鳴き砂文化館）

種子島の砂鉄

砂鉄は、火成岩に含まれる磁鉄鉱が砂粒となって運搬され、その比重の大きさから波の影響で砂浜の特定の部分に濃集したものである。出雲地方をはじめ国内各地で鉄の原料として採掘され、たたら製鉄が栄えていた。九州南部では火山灰中に含まれる磁鉄鉱由来の砂鉄が豊富で、特に種子島ではポルトガル人による鉄砲伝来の後に、砂鉄を原料にしてその模倣品を日本で初めて作ったという記録がある。

写真3-65 **種子島沖ヶ浜田海岸の砂鉄層**
（写真：種子島西之表市経済観光課）

写真3-66　**傘松公園から望む天橋立**（写真：天橋立観光協会）

● 天橋立（砂州）　国特名勝　地質百選

日本三景の一つ、天橋立は、京都府宮津市の宮津湾と内海の阿蘇海を南北に隔てる全長3.6km及ぶ砂州である。最終氷期の2万年前には宮津湾が完全陸地化した後、海面上昇と砂の堆積が進み、縄文時代の後氷期（約6千年前）に急速に成長、3～2千年前に地震により大量に流出した土砂により海上に姿を見せた。その後、宮津湾の西側沿岸流により砂礫が運ばれ、天橋立西側の野田川の流れからなる阿蘇海の海流にぶつかることにより、まっすぐに砂や礫が堆積し、現在の姿にまで成長した。

海に囲まれた砂州の地下わずか120～160cmには真水の地下水が存在し、松林を育てている。

Column

縄文海進

天橋立の砂州が急速に成長していた今から6000年ほど前の縄文時代は、気温は今より年平均1～2℃高く、海面が2～3m高かったことが、貝塚の分布から推定されている。

千葉県館山市では、8000～7000年前の地層中にサンゴ化石を多産し、沼のサンゴ化石として有名である。その産出地点は標高20m、海岸より1km陸側の海成段丘上にあり、その高さは海進に加え、地震に伴う隆起が累積したことが原因となっている。

3 沿岸侵食地形（海食洞）

● 碁石海岸の海食洞（三陸ジオパーク）

国名勝　国天然　地質百選

岩手県大船渡市碁石海岸に露出する前期白亜紀の大船渡層群の砂岩泥岩互層は激しい海食作用を受け、穴通磯（あなとおしいそ）と呼ばれる海食洞を初め様々な侵食地形が認められる。写真の三角形の穴の形は地層の褶曲によるものではなく、地層面と、それと斜交する劈開面（へきかいめん）を利用して剥がれていることによる。碁石海岸そばには、大船渡市立博物館がある。

写真3-67　**大船渡市碁石海岸の海食洞、穴通磯**
（写真：大船渡市立博物館）

● 北山崎（三陸ジオパーク）

北山崎は岩手県田野畑村に存在する標高差160～200mに達する断崖で、沈降または海面上昇が優勢なリアス海岸とは異なり、隆起を示す海成段丘が断崖を作っている。小さな岬の部分は1段目の段丘を示しており、多くの海食洞を作っている。前期白亜紀の火山砕屑岩から構成され、節理や層理に沿って波により侵食された。

写真3-68
北山崎の海食洞
（写真：三陸ジオパーク推進協議会）

佐賀県唐津市の七ツ釜（玄海国定公園） 国天然

3.6～2.1万年前に噴出した松浦玄武岩の柱状節理が美しい七ツ釜には、見事な海食洞が存在する。最大の穴で、間口が3m、奥行きが110mに達する。

写真3-69　**佐賀県唐津、七ツ釜**（写真：佐賀県観光連盟）

写真3-70　**堂ヶ島天窓洞**（写真：伊豆半島ジオパーク推進協議会）

● 堂ヶ島天窓洞（伊豆半島ジオパーク）　国天然

静岡県賀茂郡西伊豆町にある景勝地である堂ヶ島は、約300万年前の鮮新世に海底で噴出した火山砕屑物が、水流のある浅い海に堆積した地層から構成されている。

天窓洞（てんそうどう）は海食洞の天井部の脆い部分が崩落して穴が空いており、幻想的な景観をつくっている。

4 段丘地形

● 室戸の海成段丘（室戸ジオパーク）……13～12万年前 ➲ 11時45分～11時46分

室戸岬周辺に発達する海成段丘の一番高い部分の標高は、室戸岬の先端で約180mに達しており、13～12万年前の間氷期に海水面が上昇した時にできた波食台が隆起したものである。この段丘面は、北に向かうにつれて低くなっており、岬に近いほど隆起量が大きかったことを示している。

一方、1946年に室戸岬沖合で発生した南海道地震（M＝8.1）の際、室戸岬の先端も1.3m隆起したが、その隆起量も北に行くほど小さくなり、高知付近では逆に沈降したことが知られている。この地震性の隆起は、写真3-49に示したように、ヤッコカンザシの住居跡の高さが物語っている。

写真3-71　**室戸岬に近い西山台地の海成段丘**（室戸ジオパーク推進協議会）

写真3-72　**新潟県津南町の中津川沿いの河成段丘**（苗場山麓ジオパーク振興協議会）

● 河成段丘（苗場山麓ジオパーク）……20万年前〜

河成段丘は河川による侵食・堆積と隆起が同時に起こって形成したものであり、河川から離れたより高い位置にある段丘面ほど古い。国内有数の規模の大きな河成段丘が発達する新潟県津南町（つなんまち）の信濃川に合流する中津川沿いでは、段丘面が９段にも及んでいる。約20万年かけて形成したとされている。

5 タフォニ（Tafoni）

海岸などで、虫喰い状に穴だらけになった岩を見たことがあるだろうか。岩の表面に開口した楕円形の穴はタフォニと呼ばれているもので、岩の表面から水が蒸発する過程で、水に溶けていた塩類（石膏など）の結晶が成長し、その成長の力により岩の表面が破壊されてもろくなって形成される。

乾燥地域や海水飛沫を受ける海岸域のやや柔らかい新生代の地層によく見られるが、内陸の山地にも存在することがある。

● 見残し海岸のタフォニ（高知県土佐清水市） 国天然

足摺岬の西方の四万十帯南帯の北部には、古第三紀の付加体を覆って新第三紀の地層が分布している。この地層にはタフォニが発達した奇岩が見られる。

写真3-73　**高知県見残し海岸に見られるタフォニ**（写真：土佐清水ジオパーク推進協議会、佐藤久晃）

写真3-74　**古座川町の牡丹岩に発達するタフォニ**（写真：後 誠介）

● 牡丹岩（南紀熊野ジオパーク）

和歌山県古座川町の古座川流域には、タフォニが発達した「虫喰岩」や「牡丹岩」と呼ばれる名勝地となっている崖が存在する。写真は牡丹岩の一部である。

● 法性寺のタフォニ（埼玉県小鹿野町、ジオパーク秩父）

ジオパーク秩父には34箇所の札所が存在し、ジオツアーにも活用されている。そのうち、札所32番法性寺（ほうしょうじ）観音堂は1707年（宝永4）に建立され、舞台作りのお堂の中では中新世中期の地層の壁面に見事なタフォニを見ることができる。

写真3-75
秩父札所32番法性寺観音堂内部の露頭に見られるタフォニ

写真3-76　**秋芳洞の巨大な石柱：高さ15mに及ぶ黄金柱**
（*Mine*秋吉台ジオパーク推進協議会）

6 鍾乳洞

● 秋芳洞（*Mine*秋吉台ジオパーク） 国特天然 地質百選

露出した石灰岩（炭酸カルシウム）に空気中の二酸化炭素を溶かした雨が降ると、下のような反応式によって、石灰岩が溶解する。溶けた石灰分が移動し、空気に触れて再沈殿（←の反応）したものが、つららのような鍾乳石やタケノコのような石筍、また両者が繋がった石柱である。国内を代表する秋芳洞（あきよしどう）は、およそ数十万年の間に溶解―再沈殿を経てできた造形が見事である。

$$CO_2 + H_2O + CaCO_3 \rightleftarrows Ca(HCO_3)_2$$（→溶解：$Ca^{2+} + 2HCO_3^-$）

写真3-77
秋芳洞の棚田のような百枚皿
畔に相当する部分をリムストーン、それにより囲まれた水溜りをリムストーンプールと呼ぶ
（写真：*Mine*秋吉台ジオパーク推進協議会）

● 龍泉洞
（三陸ジオパーク） 地質百選

鍾乳洞は川の流れで石灰岩を溶かしながら洞窟を作っている。岩手県岩泉町の龍泉洞には深さ100m前後の透明な地底湖が見られ、神秘的である。

写真3-78
龍泉洞第一地底湖
（岩泉町龍泉洞事務所）

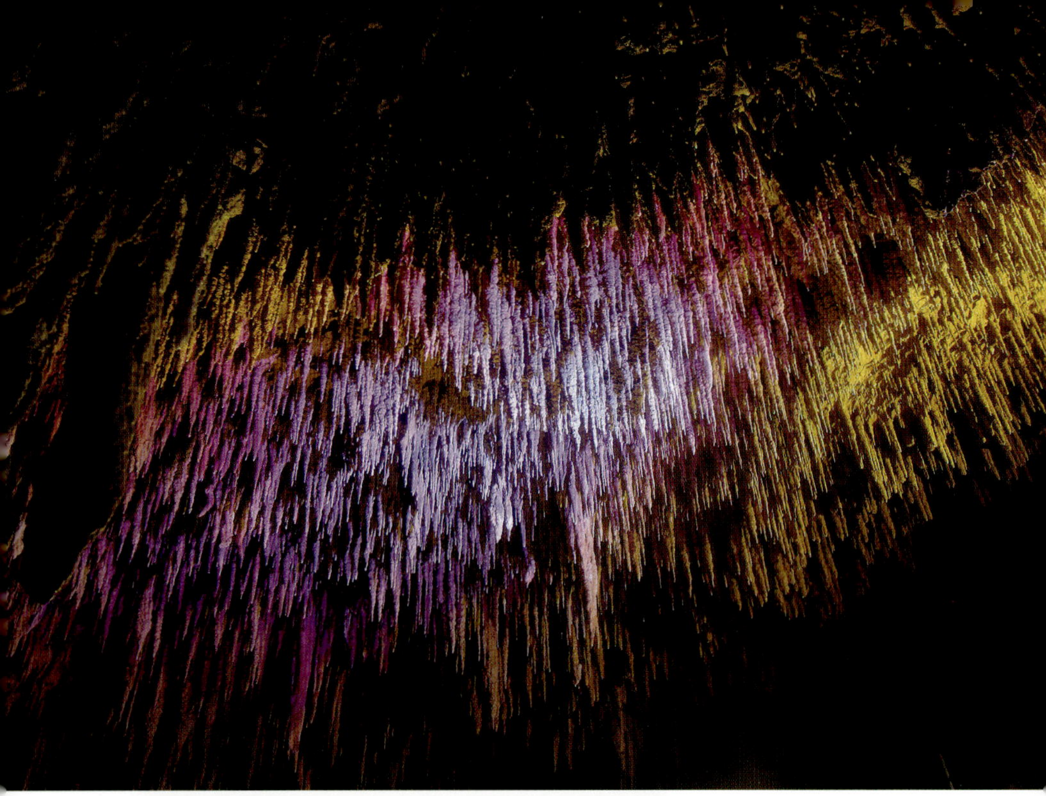

写真3-79
玉泉洞（沖縄県） 細長い鐘乳石などが見事に発達（写真：玉泉洞）

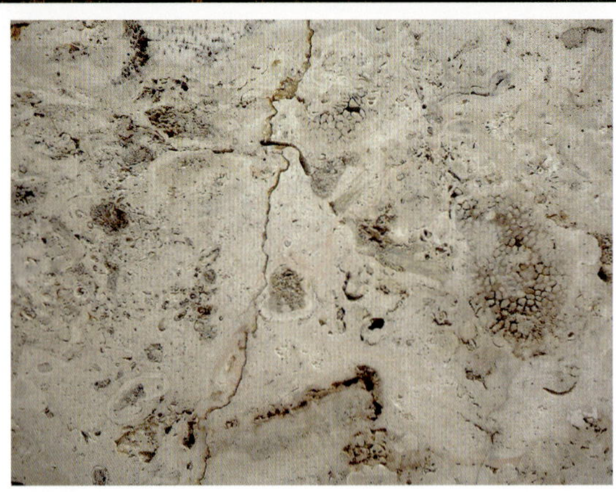

写真3-80
琉球石灰岩の研磨面
サンゴの化石から構成される
（写真：恩納村商工観光課）

玉泉洞と琉球石灰岩 ……130万年前〜7万年前 沖縄県の石

琉球石灰岩は約130万年前から7万年前までのサンゴ礁が隆起して現れたもの。国内では最も若い石灰岩で、沖縄県を代表する石材ともなっている。石灰岩中には玉泉洞などの鍾乳洞が存在する。サンゴ礁の成分は炭酸カルシウムで、それが固まったものが石灰岩である。従って、サンゴ礁は CO_2を固定し温暖化の抑制に寄与している。その意味でも、サンゴ礁の保護・保全は重要である。

写真3-81　**万座毛の更新世のサンゴ礁からなる琉球石灰岩の海岸侵食**
海底には、現生のサンゴ礁が広がっている（写真：恩納村商工観光課）

Column

南極の氷から推定される地球の気温変動

図26は、南極ドームふじ氷床コアから求められた過去34万年間の気温と温室効果ガスの二酸化炭素濃度、および海水面の変動を示す。４回の氷期（青色）が示されており、各々の変動グラフが大変よく一致していることが分かる。温室効果が非常に強いメタンガス濃度の変動も、二酸化炭素の変動と同様の結果が得られている。

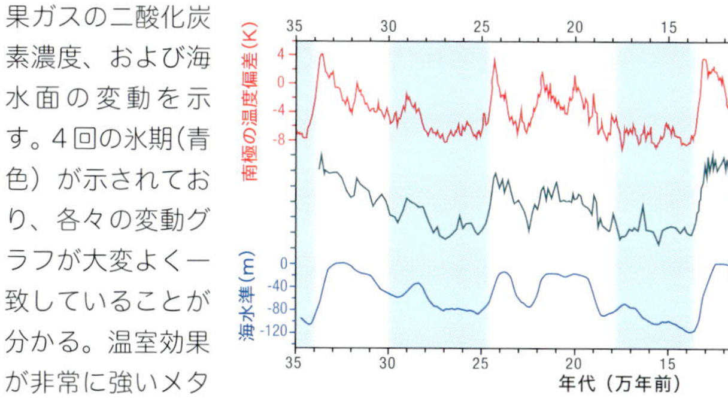

図26　**過去34万年間の気温変化と二酸化炭素濃度及び海水準の変化図**

7 氷河地形：圏谷（カール）とモレーン、氷河擦痕

……2万年前 ➡ 23時57分

図26に示されている約２万年前の最終氷期の時代には、国内の高山にも多くの氷河地形が形成され、中部地方では、その名残を3,000m級の山々（３大アルプス）で見ることができる。

そのほか、北海道では日高山脈の1,000～2,000m級の山々でも知られている。北アルプスでは、薬師岳の圏谷群（国の特別天然記念物）、穂高岳の涸沢カール、立山の山崎カール（国の天然記念物）、中央アルプスでは宝剣岳の千畳敷カール、南駒ヶ岳の摺鉢窪（すりばちくぼ）カール（写真3-82）、南アルプスでは、仙丈ヶ岳の藪沢カール（写真3-83）などが有名である。

モレーンとは、氷河が運んできた岩塊が、氷河の先端で堆積した丘状の地形である。また、氷河擦痕（さっこん）は、氷河が移動するときに岩盤に残した線状のこすり傷のことで、氷河の移動の軌跡を捉えることができる（写真3-84）。

写真3-82　**中央アルプス、南駒ヶ岳（2,841m、写真左側）の摺鉢窪カール**（写真：河本明代）

写真3-83　**南アルプス、仙丈ヶ岳（3,033m、日本百名山）の藪沢カールとモレーン（手前の高まり）**

写真3-84　**立山室堂の氷河侵食によってできた羊背岩**（ようはいがん）**と、その上の氷河擦痕**　岩石は、４万年前のデイサイト溶岩（玉殿溶岩）で、流理構造と斜交する太い筋（ハンマーの柄の方向）が擦痕（写真：立山カルデラ砂防博物館）

写真3-85　**国内で初めて氷河と認定された北アルプス剱岳の2つの雪渓**（写真：立山黒部ジオパーク協会）

● 日本にも存在していた現在の氷河（立山黒部ジオパーク）

国内では流動が認められる氷河が存在するとすれば、ヨーロッパのアルプス山脈のように標高4,000mを超えないと無理だろうと考えられていた。しかし、近年飛驒山脈剱岳と立山（日本百名山）で、立山カルデラ砂防博物館の研究チームは高精度GPS測量を用いて、流動している証拠が得られた雪渓、すなわち氷河の存在を確認した。それらは、雄山（3,003m）東面の御前沢（ごぜんざわ）雪渓、剱岳（2,999m）東面の三ノ窓雪渓と小窓雪渓（写真3-85）である。その移動速度は、剱岳の２つの氷河で秋季の１ヶ月間に約30cmを超える値が得られている。

8 扇状地と湧水（立山黒部ジオパーク）

富山湾に注ぐ河川は、源流の3,000m級の立山連峰から富山湾までの距離が短く、従ってその平均勾配が国際的に見ても非常に大きいことが知られており、片貝川、早月川、常願寺川、黒部川などはその典型である。そのため、山地から平野部への注ぎ口では扇状地が発達している。また、堆積物は粗粒な礫層であることから伏流水が豊富で、平野の先端では地表や富山湾内の湧水が豊富である。

写真3-86　**黒部川の扇状地と立山連峰の山並み**
（写真：富山県立大学 手計太一）

写真3-87
黒部市生時（いくじ）地区の豊富な湧水、清水庵（しみずあん）の清水（しょうず）
（写真：黒部市）

さくいん

さ

た

な

は

ま

や

ら

わ

参考文献

図2 Ichikawa, K., 1990, Pre-Cretaceous Terranes of Japan : publication of IGCP Project No. 224, Pre-Jurassic evolution of Eastern Asia.

図4 国土地理院、2001、国土地理院時報96集、23-37.

図6 巽 好幸、1995、沈み込み帯のマグマ学—全マントルダイナミクスに向けて．東京大学出版会、181p.

図9 脇田浩二、2000、地質学論集、55、145-163.

図10 磯崎行雄・丸山茂徳、1991、地学雑誌、100, 697-761.

図11 Hirooka、K., Sakai, H., Takahashi, T., Kinoto, H. and Takeuchi, A., 1986, Journal of Geomagnetism and Geoelectricity, 38, 311-323.

図12 酒井治孝、1992、科学、62、445-450、岩波書店.

図15 永広昌之、2000、古領家帯と黒瀬川帯の構成要素と改変過程、地質学論集、56、53-64.

図16 Alroy, J. et al., 2010, Science, 329, 1191-1193.

図18 日本地方地質誌1．北海道地方、朝倉書店、631p.

図19 坂 幸恭、1993、地質調査と地質図．朝倉書店、109p.

図21 大木靖衛・小林忠夫、1987、日本の火山．平凡社、113p.

図22 町田 洋・新井房夫、2003、新編　火山灰アトラス—日本列島とその周辺、東京大学出版会、306p

参考図書

斎藤 眞・下司 信夫・渡辺 真人・北中 康文、2012、日本の地形・地質—見てみたい大地の風景116（列島自然めぐり）、文一総合出版

社団法人全国地質調査業協会連合会・特定非営利活動法人地質情報整備活用機構（編）2007、2010、日本列島ジオサイト地質百選．オーム社

参考付図：火成岩の分類（太字は本書で扱う火成岩）

SiO₂の割合と色指数の境界は必ずしも一致しない

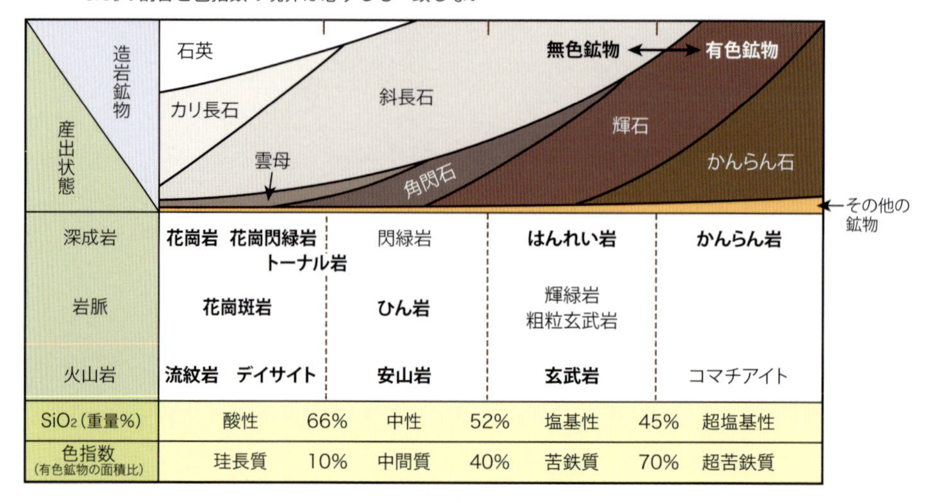

おわりに

本書をまとめるにあたり、美しい写真を大きく掲載することに重点を置いた。提供者が記載されていない写真は、筆者が地質調査や巡検、ジオパークの調査、取材旅行や登山などで撮影した写真である。それ以外の写真は、各ジオパークの推進協議会や観光協会、自然系博物館や、研究者などの個人にお願いして送っていただいた写真、ネット上のフリーサイトの写真など、素晴らしい写真も多く、230枚の写真を眺めるだけでも楽しんでいただけたのでは、と期待している。

執筆の機会を与えていただき、写真の収集と編集に多大なご協力をいただいたS.K.プロの佐藤滉一氏、デザイナーの安達義寛氏、誠文堂新光社の内藤孝治氏には大変お世話になった。また、本書のために写真提供のみならず、撮影の労を賜った小原北士、豊田徹士、馬場信行、松本正樹、森 隆司の諸氏、さらに画像や図についてご教示を賜った坂口有人、白土 豊、田切美智雄、田村糸子、千秋利弘、東田和弘、松原典孝、守屋和佳の諸氏に厚く御礼申し上げる。

本誌に取り上げた地質現象は後世に保存すべきものばかりであり、破壊されないことを切に希望するものである。最後に、自然の造形の面白さの例を、ジオパークの写真から２点選んでみた。

本書を読んでいただき、地球そして我々が生きる大地に思いを馳せ、旅先で地質や地形をより身近に感じていただくことができれば、筆者にとって大きな喜びである。

高木秀雄

左：**ローソク島**（島根県隠岐の島町）（写真：隠岐ジオパーク推進協議会）
右：**ゴジラ岩**（男鹿半島・大潟ジオパーク）（写真：男鹿ナビ）

高木 秀雄 たかぎ ひでお

早稲田大学教育・総合科学学術院地球科学教室教授。理学博士。専門は地質学、構造地質学。1955年東京生まれ。千葉大学理学部地学科卒業、名古屋大学大学院理学研究科修士課程修了。日本ジオパーク委員会顧問、日本地質学会ジオパーク支援委員会委員などを務める。おもな著書に、『日本の地質構造百選』(朝倉書店)、『三陸にジオパークを』(早稲田大学出版部)、『地球・環境・資源—地球と人類の共生をめざして』(共立出版)、『基礎地球科学』(朝倉書店)、『フィールドジオロジー第7巻　変成変形作用』(共立出版) などがある。

企画・編集　佐藤涙一 (S.K.プロ)
カバー・本文デザイン　安達義寛＋落合光恵

年代で見る 日本の地質と地形
日本列島5億年の生い立ちや特徴がわかる

2017年1月17日　発　行　NDC455
2018年7月10日　第3刷

著　者　高木 秀雄
発行者　小川雄一
発行所　株式会社 誠文堂新光社
〒113-0033　東京都文京区本郷3-3-11
(編集) 電話03-5800-5779
(販売) 電話03-5800-5780
http://www.seibundo-shinkosha.net/
印刷所　株式会社 大熊整美堂
製本所　和光堂 株式会社

ISBN978-4-416-51703-1